新型研发机构发展报告

2021

科学技术部火炬高技术产业开发中心　编

科学技术文献出版社
SCIENTIFIC AND TECHNICAL DOCUMENTATION PRESS

·北京·

图书在版编目（CIP）数据

新型研发机构发展报告. 2021 / 科学技术部火炬高技术产业开发中心编. —北京：科学技术文献出版社，2022.8（2023.6重印）

ISBN 978-7-5189-9111-2

Ⅰ.①新…　Ⅱ.①科…　Ⅲ.①科学研究组织机构—研究报告—中国—2021　Ⅳ.① G322.2

中国版本图书馆 CIP 数据核字（2022）第 065003 号

新型研发机构发展报告2021

策划编辑：丁芳宇　　责任编辑：张　红　　责任校对：王瑞瑞　　责任出版：张志平

出　版　者	科学技术文献出版社	
地　　　址	北京市复兴路15号　邮编　100038	
编　务　部	（010）58882938，58882087（传真）	
发　行　部	（010）58882868，58882870（传真）	
邮　购　部	（010）58882873	
官 方 网 址	www.stdp.com.cn	
发　行　者	科学技术文献出版社发行　全国各地新华书店经销	
印　刷　者	北京虎彩文化传播有限公司	
版　　　次	2022 年 8 月第 1 版　2023 年 6 月第 2 次印刷	
开　　　本	889×1194　1/16	
字　　　数	186千	
印　　　张	11	
书　　　号	ISBN 978-7-5189-9111-2	
定　　　价	86.00元	

编写委员会

主　任： 解　敏　郑玉琪　贾敬敦　张卫星　张杰军

成　员：（按姓氏笔画排序）

于　磊　王　灿　王胜光　王赫然　牛　萍

毕一丹　朱常海　刘　军　刘会武　安温婕

李　伟　李国平　杨　斌　张　一　陈　力

陈　萍　陈　晴　林芬芬　杭　磊　郎文平

赵祚翔　胡贝贝　钟桂荔　黄燕飞　韩思源

温　全　黎晓奇　潘　哓

前 言
FOREWORD

新型研发机构是聚焦开展"科学研究、技术创新和研发服务"的新型创新主体。近年来，我国新型研发机构快速成长，以不同于传统科研组织的形态和运行方式表现出融合科技创新和经济发展的强大功能，日渐在国家和区域创新驱动发展中发挥出重要的战略促进作用。我国政府高度重视新型研发机构的建设和发展，早在2016年中共中央、国务院印发的《国家创新驱动发展战略纲要》和国务院印发的《"十三五"国家科技创新规划》中就提出要"发展面向市场的新型研发机构"。党的十九届五中全会以来，国家着眼科技自立自强和创新驱动发展战略实施，进一步强化对新型研发机构的工作部署和政策支持，2021年颁布的《中华人民共和国国民经济和社会发展第十四个五年规划和2035年远景目标纲要》和新修订的《中华人民共和国科学技术进步法》均强调要鼓励和支持新型研发机构发展。

为深入贯彻党中央、国务院关于发展新型研发机构的要求，结合科技部《关于促进新型研发机构发展的指导意见》（国科发政〔2019〕313号）"开展新型研发机构跟踪评价，建设新型研发机构数据库，发布新型研发机构年度报告"具体任务，受科学技术部政策法规与创新体系建设司委托，科学技术部火炬高技术产业开发中心、国家科技风险开发事业中心、科技人才交流开发服务中心等单位联合启动了新型研发机构发展报告年度编制工作。

编写组以全国29个省（区、市）、新疆生产建设兵团和5个计划单列市的新型研发机构统计调查数据为基础，研究编制了《新型研发机构发展报告2021》（以下简称《报告》）。《报告》旨在全面梳理我国新型研发机构发展现状与成效、经验做法和模式创新，深度刻画和展示我国新型研发机构发展状态与特征，为相关部门及地方政策制定和工作推进提供参考和支撑。

《报告》正文共分为5章。其中，第一章为新型研发机构总体情况，汇总梳理了我国新型研发机构的总体规模和特征、人才队伍、经营发展、研发创新和产业化活动的开展等情况。第二章至第四章为新型研发机构专题分析，分别就不同法人类型、不同区域和重点城市群新型研发机构的发展情况进行了对比分析。第五章为新型研发机构发展面临的问题及对策建议，主要结合统计数据及各地工作开展情况，对新型研发机构发展中的突出问题进行了分析，并提出了相应的对策建议。另外，在附件部分对各省（区、市）、新疆生产建设兵团和计划单列市支持新型研发机构发展的政策措施进行了汇编，对国内外新型研发机构典型案例的发展状态、运行特色进行了总结归纳。以下是报告的重点揭示。

①新型研发机构持续高速增长，成为我国科研力量的重要组成。"十三五"以来，在我国产业高质量发展的技术需求拉动下，在中央政府和地方政府的合力推动下，我国新型研发机构进入快速发展期，机构数量快速增长。根据调查数据，截至2020年年底，我国共有新型研发机构2140家，分布在全国各地；从业人员20.78万人，研发人员13.32万人。2020年，在研科研项目总数3.45万项，专利申请受理量3.55万件；2020年度实现总收入1925.33亿元。数据表明，我国新型研发机构已经成为国家创新体系中举足轻重的新生力量。

②新型研发机构面向产业开展研发和服务，充分发挥了促进科技与产业融合的作用。我国大部分新型研发机构都是基于产业和应用目标导向集成开展基础研究、应用研究、成果转化、创业孵化和创新创业投资等活动。根据调查数据，2020年，有75.98%的新型研发机构开展了产业关键共性技术研发，65.98%的新型研发机构开展了产业前沿技术研发；2020年，新型研发机构承担的来自企业的科研项目占当年承担科研项目总量的51.94%；2020年度总收入构成中，有65.23%的收入来源于企业；通过合作研发、委托研发、技术转让等形式服务企业11.9万家；截至2020年年底，累计孵化科技企业近2万家。这充分说明新型研发机构在为企业提供高质量技术供给和研发服务方面发挥了关键作用，对提升产业发展水平和企业技术创新能力做出了重要贡献。

③新型研发机构积极探索科研组织新型模式和运行机制，为我国科技体制改革探索新路径。新型研发机构围绕促进科技与经济融合，在体制建设和运行机制上进行了卓有成效的探索，为我国深化科技体制改革提供了新的思路和经验。根据调查数据，我国88.51%的新型研发机构已建立理事会（董事会）管理制度，具有自主决策的顶层设计和完善的法人治理结

构，为新型研发机构独立决策、面向产业和市场开展运营奠定了基础；近一半新型研发机构的投入主体涉及两种及以上类型（包括企业、地方政府、高校院所等），且有超过一半新型研发机构的投入主体包含了企业。投入主体的多元化构成，奠定了新型研发机构整合多方创新要素面向产业和市场开展运营的基础；有 57.99% 的新型研发机构采用了"兼聘、双聘"等柔性用人机制，以灵活的机制提升了对高层次人才资源的吸纳能力。

着眼"十四五"发展的新形势和新要求，新型研发机构仍需进一步提升创新能力和研发服务水平，在攻关产业共性基础技术、哺育孵化未来产业、促进企业技术创新能力提升、优化区域创新创业生态等方面发挥作用，为国家创新体系整体效能的提升贡献力量。

编写组
2022 年 7 月

目 录
CONTENTS

图表目录

第一章 新型研发机构总体情况

一、新型研发机构基本概况

近年来，我国新型研发机构呈现持续涌现的发展态势，日渐成为国家和区域创新发展中一支不可忽视的力量。

（一）形成一定的体量规模，机构法人类型多样化

"十三五"以来，我国新型研发机构进入快速增长期，机构数量快速增长。根据调查数据，截至 2020 年年底，我国共有新型研发机构 2140 家[①]。半数以上（1085 家）新型研发机构为"十三五"期间注册成立的机构（图 1-1）。其中，2018 年注册成立的新型研发机构数量最多，达到 280 家，占我国新型研发机构总量的 13.08%；其后是 2019 年和 2017 年，分别注册成立新型研发机构 256 家和 237 家，分别占我国新型研发机构总量的 11.96% 和 11.07%（图 1-2）。

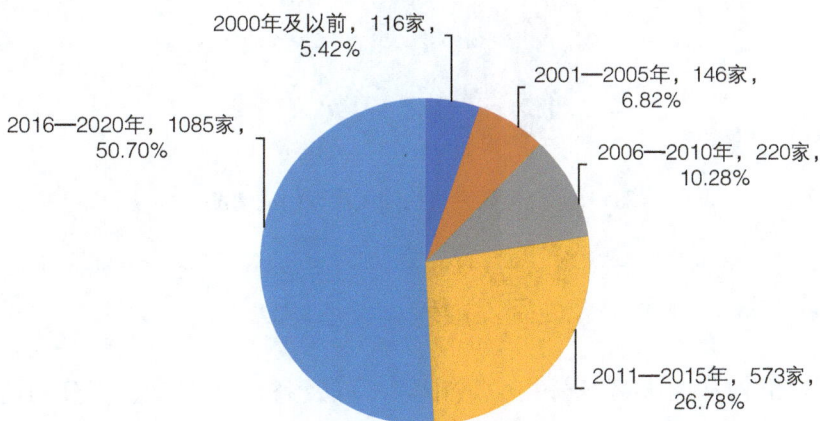

图1-1 新型研发机构注册时间分布情况

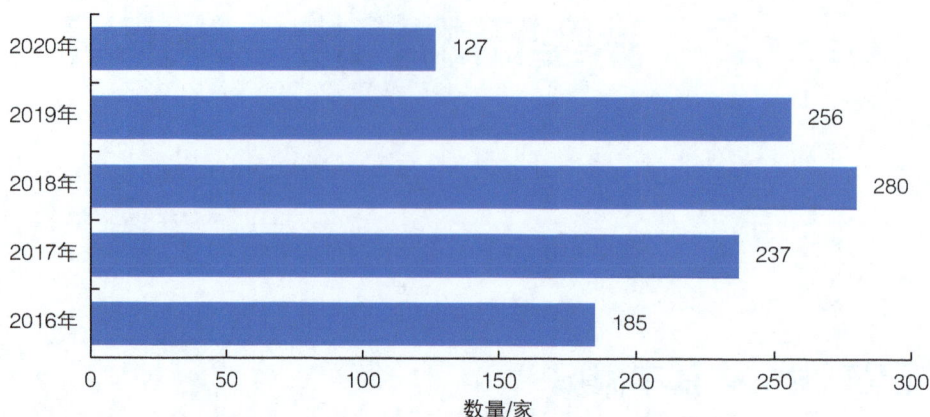

图1-2 2016—2020年新成立新型研发机构情况

　　我国新型研发机构法人类型多样，包含了企业、事业单位和社会服务机构（民办非企业单位，下同）等多种类型。其中，企业类新型研发机构为1464家，占我国新型研发机构总量的68.41%；事业单位类新型研发机构为472家，占我国新型研发机构总量的22.06%；社会服务机构类新型研发机构为204家，占我国新型研发机构总量的9.53%（图1-3）。

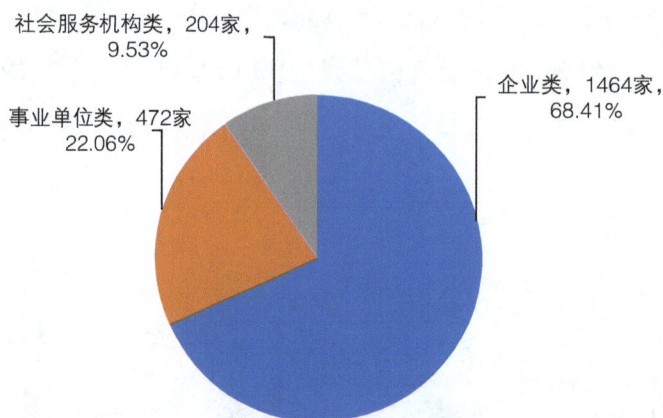

图1-3 新型研发机构法人类型构成情况

（二）空间分布相对集中，区域间发展差异化

　　我国新型研发机构从四大区域分布、城市群，以及省市分布、园区分布看，都存在显著的区域间差距。

　　从四大区域分布看，东部地区新型研发机构最为集中。截至2020年年底，东部地区新型研发机构数量达到1285家，占我国新型研发机构总量的60.05%；中部和西部地区分别为529家和264家，分别占我国新型研发机构总量的24.72%和12.34%；东北地区为62家，占我国新型研发机构总量的 2.90%（图 1-4）。

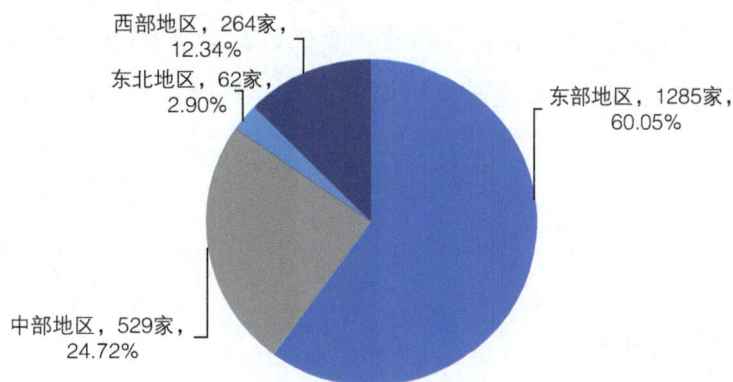

西部地区，264家，12.34%
东北地区，62家，2.90%
东部地区，1285家，60.05%
中部地区，529家，24.72%

图1-4 新型研发机构区域分布情况

从城市群分布看，长江三角洲城市群新型研发机构数量规模最大。截至 2020 年年底，长江三角洲城市群新型研发机构数量达到 543 家，占新型研发机构总量的 25.37%。此外，长江中游城市群、珠江三角洲城市群、成渝城市群、京津冀城市群和中原城市群也拥有较大规模的新型研发机构群体，机构数量均超过 100 家（图 1-5）。

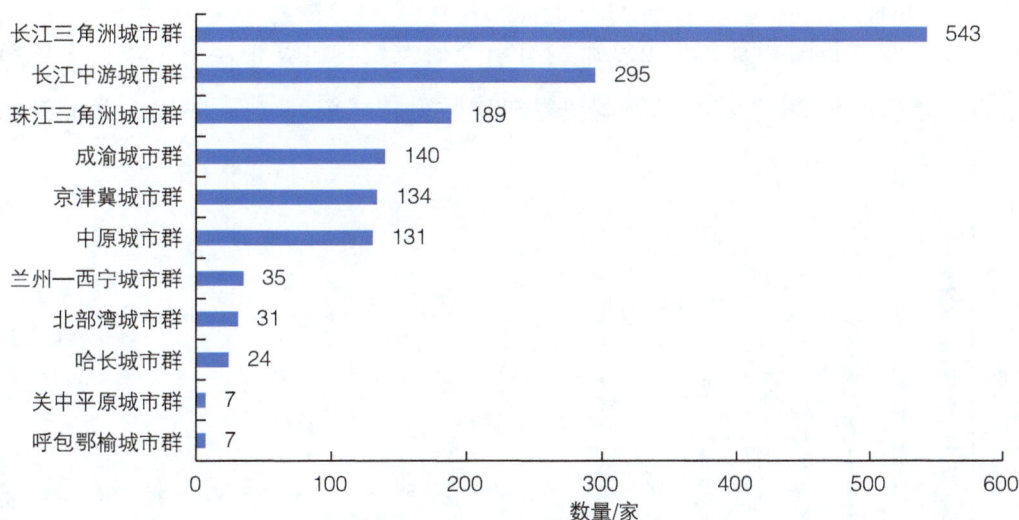

城市群	数量/家
长江三角洲城市群	543
长江中游城市群	295
珠江三角洲城市群	189
成渝城市群	140
京津冀城市群	134
中原城市群	131
兰州—西宁城市群	35
北部湾城市群	31
哈长城市群	24
关中平原城市群	7
呼包鄂榆城市群	7

图1-5 新型研发机构主要城市群分布情况

从省域①分布看，有 4 个省（直辖市）新型研发机构数量达到 200 家以上，7 个省（直辖市）新型研发机构数量达到 100 家以上。江苏省、湖北省、山东省、广东省和重庆市新型研发机构

---

① 含直辖市。

数量位列全国前五（图1-6）。这5个省市新型研发机构数量总和达到1376家，占我国新型研发机构总量的64.30%。其中，江苏省新型研发机构数量最多，达到444家，占我国新型研发机构总量的20.75%；湖北省、山东省、广东省和重庆市新型研发机构数量分别为308家、267家、235家和122家，分别占我国新型研发机构总量的14.39%、12.48%、10.98%和5.70%。

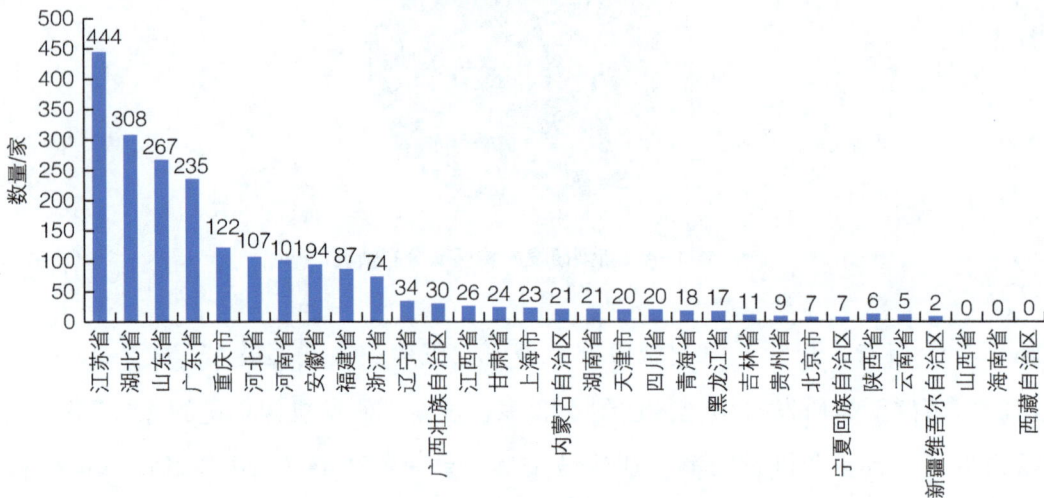

图1-6　新型研发机构省域分布情况

从城市分布看，我国共有218个城市拥有新型研发机构。其中，南京市、重庆市、苏州市、广州市、宜昌市等20个城市[①]新型研发机构数量位居前列（图1-7），其拥有的新型研

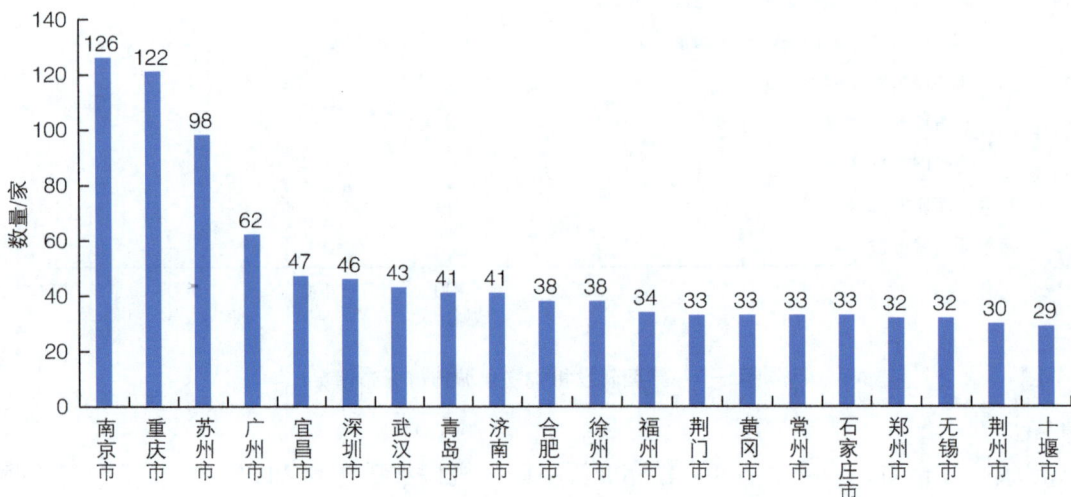

图1-7　新型研发机构数量排名前二十的城市

_____

① 含直辖市。

发机构数量总和达到 991 家，占我国新型研发机构总量的 46.31%。南京市和重庆市尤为突出，两个城市新型研发机构数量均突破 100 家。

从园区分布看，国家高新区是我国新型研发机构聚集和成长的重要空间。根据统计数据，我国 169 家国家高新区中有 116 家园区拥有新型研发机构。位于国家高新区的新型研发机构数量达到 740 家，占全国新型研发机构总量的 34.58%。其中，南京高新区、广州高新区、济南高新区、合肥高新区、苏州工业园区等 21 家国家高新区新型研发机构数量均超过（含）10 家（图 1-8），其拥有的新型研发机构数量总和达到 400 家，占我国新型研发机构总量的 18.69%。

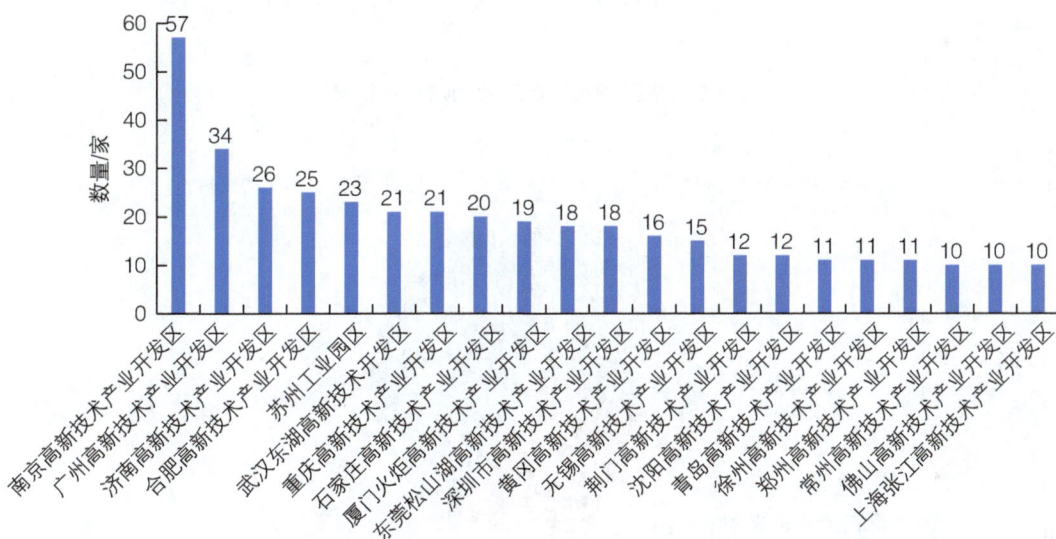

图1-8　新型研发机构数量排名前列的国家高新区

（三）产业领域分布广泛，业务范围多元化

我国新型研发机构服务的产业领域多样，包含了新一代信息技术、高端装备制造、新材料、生物医药、新能源、数字创意、节能环保等多个产业领域。具体来看，新一代信息技术产业领域新型研发机构数量最多，为 721 家，占我国新型研发机构总量的 33.69%；其后为新材料和高端装备制造产业领域，机构数量分别为 668 家和 666 家，占我国新型研发机构总量的比例分别为 31.21% 和 31.12%（图 1-9）。

值得一提的是，我国有 57.80% 的新型研发机构的业务范围涉及 2 个及以上产业领域（图 1-10），这与当下科研活动跨学科融合发展的特征具有较高的契合度，有利于面向需求集成多学科知识开展研发创新。

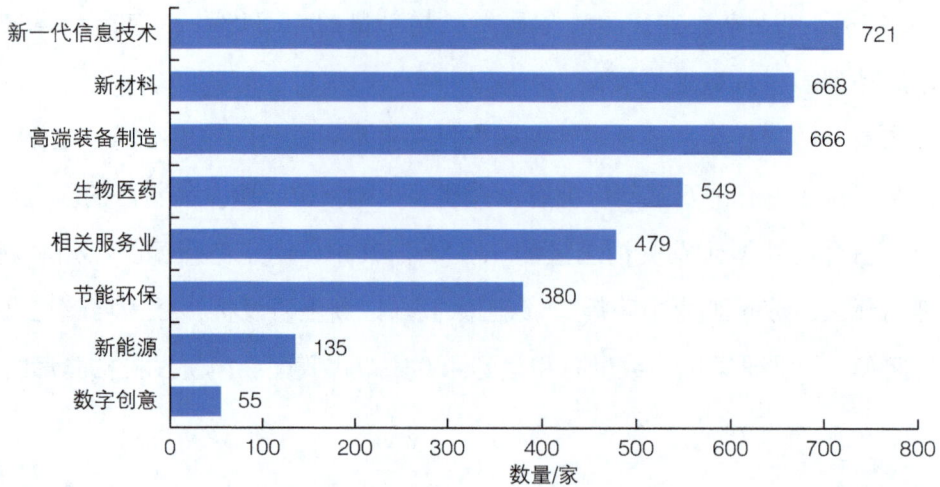

图1-9　新型研发机构产业领域分布情况

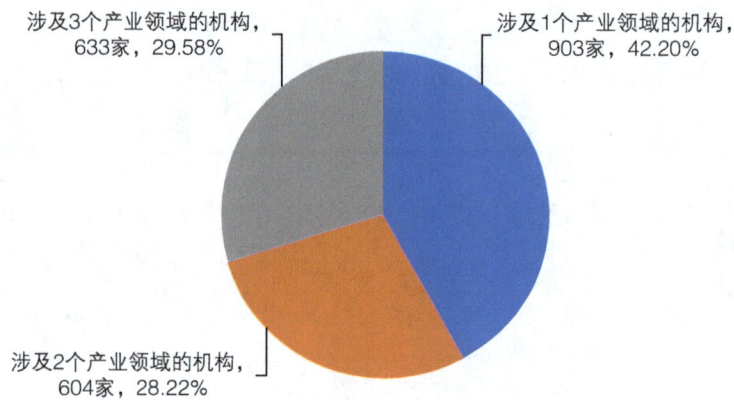

图1-10　新型研发机构跨产业领域发展情况

二、新型研发机构运行管理机制创新

我国众多新型研发机构在建设模式、管理体制、运营机制和用人机制等方面持续开展改革探索，这些新机制和新模式更加契合新时代科技发展规律和经济运行规律，使新型研发机构更易于提升组织能力和创新效能。

（一）投入主体多元化

根据统计数据，我国新型研发机构的投入主体包含了地方政府、高校和科研院所、企业、社会服务机构、其他事业单位和个人等多种类型。在2140家新型研发机构中，有企业主体参与投入建设的机构为 1131 家，占我国新型研发机构总量的 52.85%；有地方政府主体参与投入建设的机构为 379 家，占我国新型研发机构总量的 17.71%；有高校或科研院所主体参与投入建设的机构为 409 家，占我国新型研发机构总量的 19.11%（图 1-11）。有 37.21%的新型研发机构的投入主体涉及 2 种类型的机构，有 9.09% 的新型研发机构的投入主体涉及 3 种及以上类型的机构（图 1-12）。其中，高校院所、企业和地方政府三方主体共同投入建设的机构有 27 家，占我国新型研发机构总量的 1.26%。多元主体投入共建为新型研发机构整合利用多方优势资源开展业务奠定了基础。

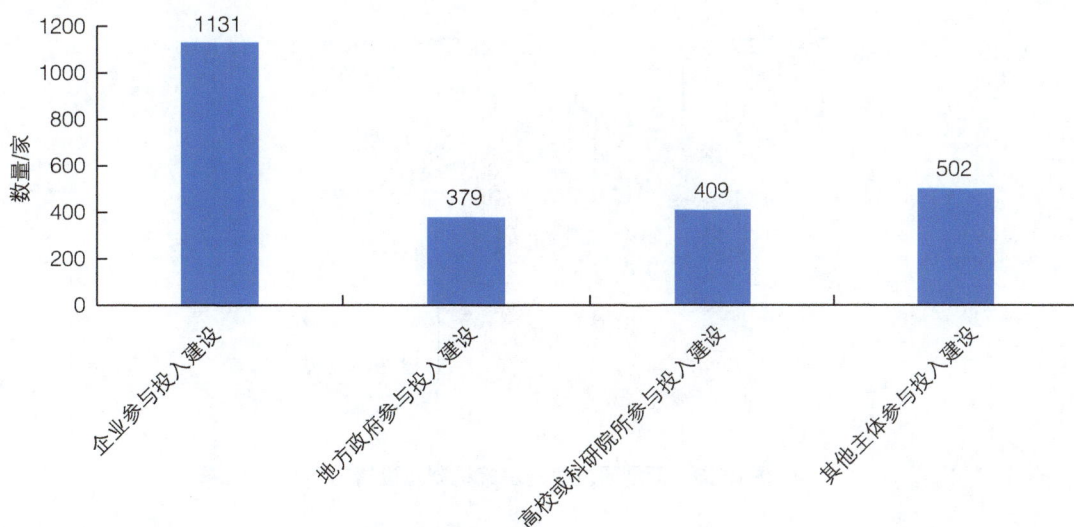

图1-11　新型研发机构投入主体的类型构成情况

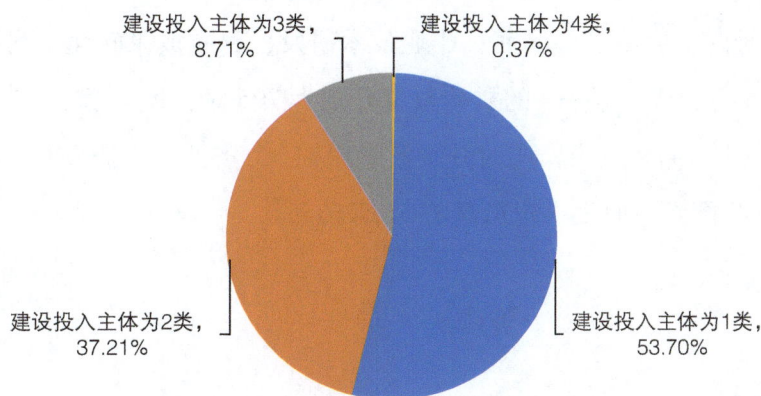

图1-12　新型研发机构多元主体投入共建情况

（二）管理制度现代化

我国新型研发机构均为独立法人实体，且大多实行章程管理、理事会（董事会）决策和院（所）长负责制。截至 2020 年年底，已建立理事会（董事会）制度的新型研发机构为 1894 家，占我国新型研发机构总量的 88.51%。其中，建立董事会的新型研发机构为 1172 家，占我国新型研发机构总量的 54.77%；建立理事会的新型研发机构为 722 家，占我国新型研发机构总量的 33.74%（图 1-13）。管理制度的现代化，为新型研发机构独立决策、面向产业和市场高效运营奠定了基础。

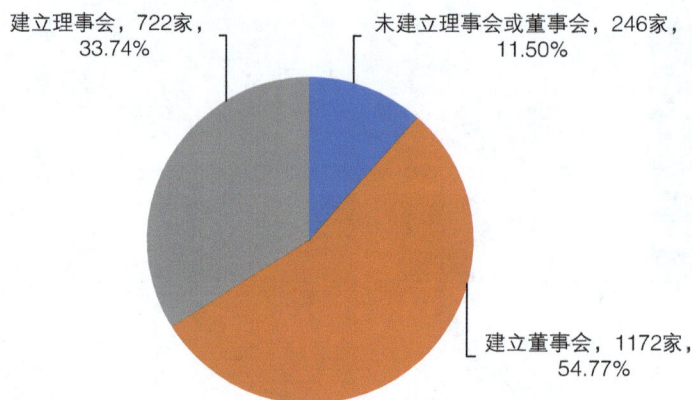

图1-13　新型研发机构决策机制建设情况

（三）产业导向的运营机制

一是围绕创新链与产业链的融通，布局开展多元业务。截至 2020 年年底，我国新型研发机构中开展基础研究、应用基础研究、产业技术研发、科技成果转化、科技创业孵化和其他研发服务（含检验检测认证服务）的机构数量分别为 795 家、1353 家、1724 家、1795 家、925 家和 1000 家（图 1-14）。其中，同时开展科学研究[①]、产业技术研发和研发服务[②]的机构数量为 1124 家，占我国新型研发机构总量的 52.52%。

---

① 开展基础研究或应用基础研究。

② 开展科技成果转化、科技创业孵化及其他研发服务。

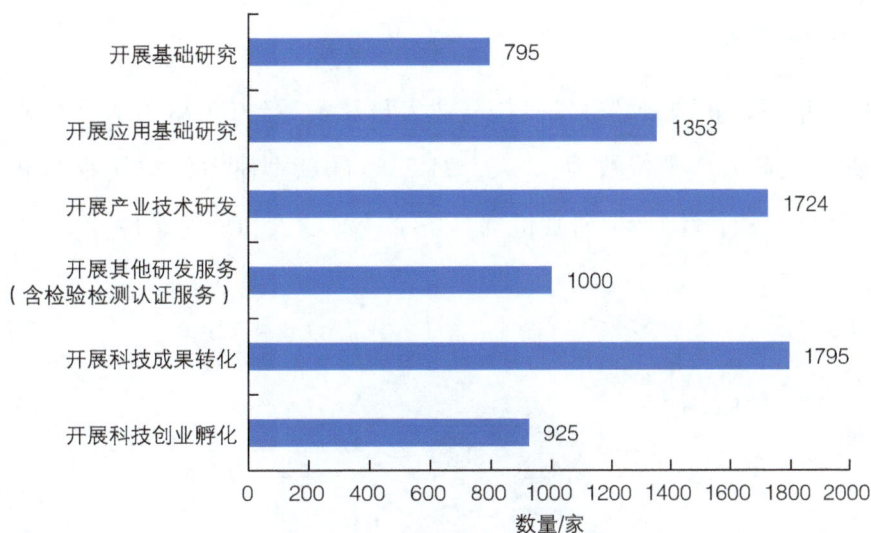

图1-14　新型研发机构主责主业情况

二是普遍面向企业和产业提供研发服务，着力支撑产业创新发展。2020年，我国新型研发机构承担的来自企业的科研项目占当年承担科研项目总量的51.94%；2020年，我国新型研发机构总收入构成中，有65.23%的收入来源于企业，凸显了新型研发机构运营机制的产业导向。

（四）用人机制灵活化

根据统计数据，2020年我国有57.99%（1241家）的新型研发机构采用了柔性用人机制，通过外聘研发人员的形式吸纳机构外部人才共同参与研发活动。例如，北京量子信息科学研究院在人才引进方面，探索"兼聘兼薪"新机制，与共建单位、国内外知名高校院所开展人才共享与兼聘；进一步尝试兼聘研究员在不改变所属单位编制身份的前提下"全时全薪"在量子院工作的模式；深圳清华大学研究院在用人机制上突破事业单位编制限制，用股权和市场化的薪酬水平吸引国内外高端创新人才。通过灵活的用人机制，我国新型研发机构实现了对更大范围人才资源的吸纳和整合。

三、新型研发机构人才队伍情况

我国新型研发机构构建了一支具有一定规模、结构合理的人才队伍，积极开展研究生人才培养工作，在培养和储备科研人员方面取得了积极成效。

（一）人员规模较为庞大

截至 2020 年年底，我国新型研发机构从业人员总量达到 20.78 万人，机构平均从业人员为 97.10 人，机构从业人员中位数为 42 人。21.73% 的新型研发机构从业人员规模在 100 人及以上（图 1-15），表明我国新型研发机构具备了较好的人力资源条件。

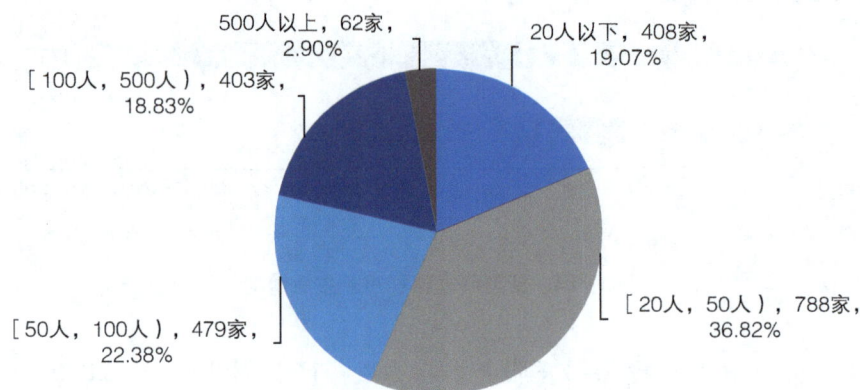

图1-15　2020年新型研发机构从业人员数量分布情况

（二）人员结构较为合理

我国新型研发机构围绕主营业务开展需求，形成了以研发人员为主体的从业人员结构。截至 2020 年年底，我国新型研发机构研发人员（R&D 人员）总量为 13.32 万人，占新型研发机构从业人员总量的 64.11%；新型研发机构研发人员均值为 62.25 人，中位数为 30 人。新型研发机构研发人员高学历特征较为突出，截至 2020 年年底，我国新型研发机构研发人员中具有研究生学历（位）的人员占比为 45.33%，具有大学本科学历（位）的人员占比为 38.97%（图 1-16）。同时，还有 12.50% 的研发人员拥有高级职称。

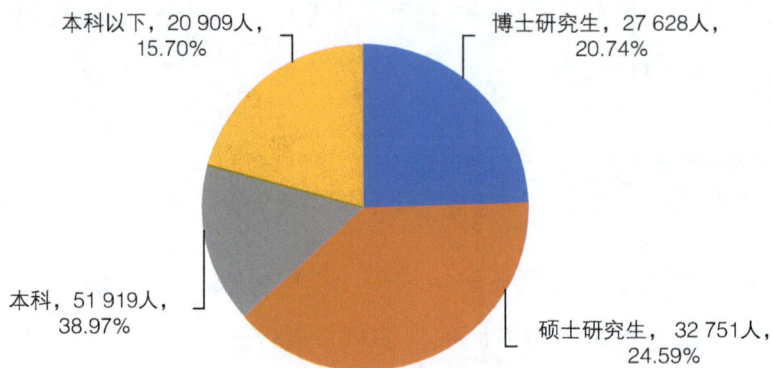

图1-16　新型研发机构研发人员学历（位）构成情况

我国新型研发机构从业人员具备多元化和多层次的结构特征。一是引进和培育了一批高层次人才，34.53%的新型研发机构拥有两院院士、长江学者等行业领军人才。二是引进国际化人才，截至2020年年底，我国新型研发机构共拥有留学归国研发人员和外籍常驻研发人员7712人，占新型研发机构从业人员总量的3.71%（图1-17）；拥有留学归国研发人员和外籍常驻研发人员的新型研发机构共有991家，占新型研发机构总量的46.31%。三是开发科研助理岗位，2020年我国共有1192家新型研发机构设置了科研助理岗位，吸纳大学毕业生达到8496人，占新型研发机构从业人员总量的4.09%。四是聘用流动人员，2020年我国新型研发机构共外聘研发人员17 173人，占新型研发机构从业人员总量的8.27%（图1-18）。

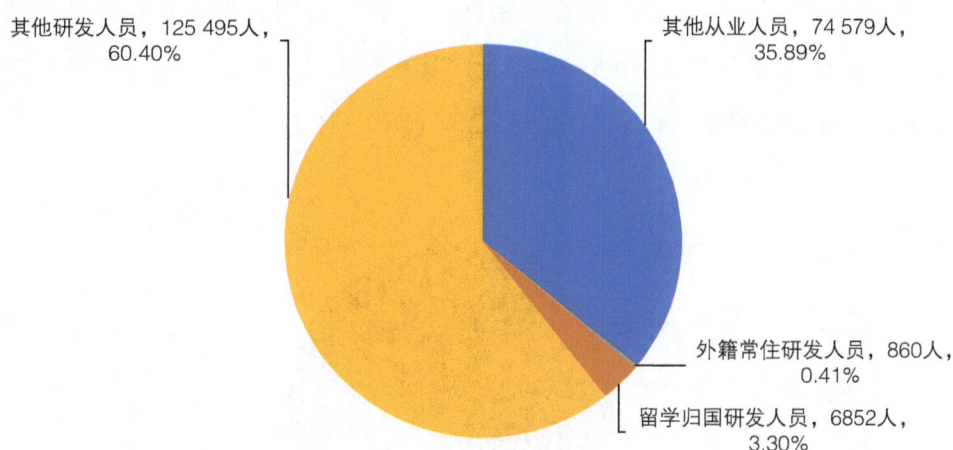

图1-17 新型研发机构从业人员中留学归国研发人员和外籍常驻研发人员占比情况

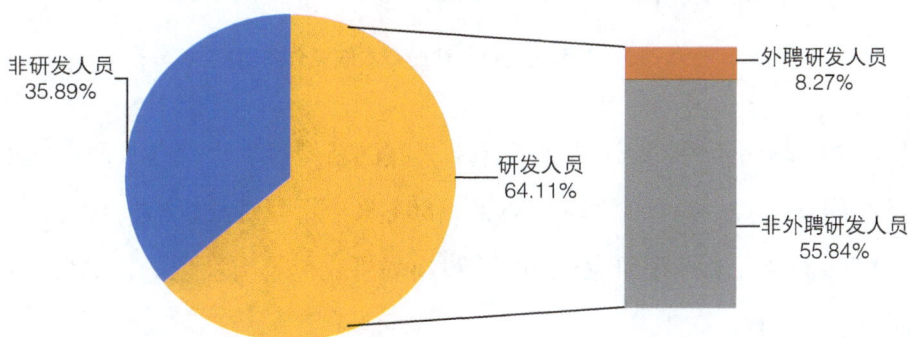

图1-18 2020年新型研发机构外聘研发人员情况

（三）人才培养取得积极进展

我国新型研发机构在开展科研活动的同时，还通过联合培养等方式积极推进研究生人才培养工作。截至2020年年底，共有1973家新型研发机构开展了研究生培养工作，占我国新型研发机构总量的 92.20%；新型研发机构招收的在读研究生人数为 15 919 人，累计培养毕业研究生达 68 767 人。

四、新型研发机构经营发展情况

据统计，我国新型研发机构具有较好的运营支撑条件，且收入情况良好，但各机构的可持续发展能力和水平存在较大差距。

（一）运营支撑条件较为完备

具有良好的资本支撑条件。以注册资本指标[①]来看，我国新型研发机构注册资本均值为 5844.35 万元，注册资本中位数为 1000.00 万元。其中，有 1216 家新型研发机构注册资本在 1000 万元及以上，占新型研发机构总量的 56.82%（图 1-19）。

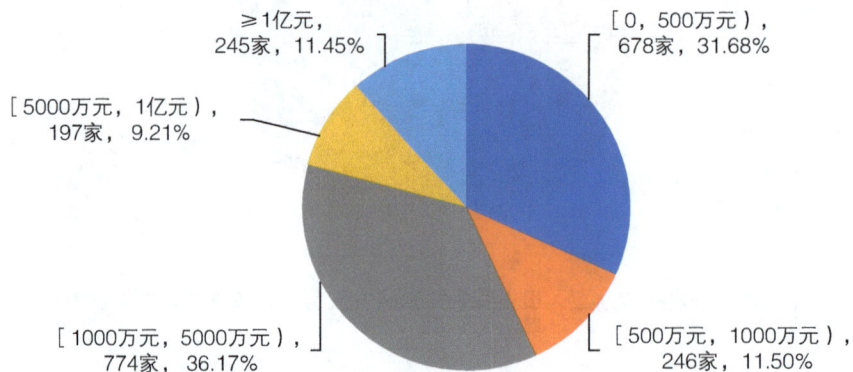

≥1亿元，245家，11.45%
［5000万元，1亿元），197家，9.21%
［1000万元，5000万元），774家，36.17%
［0，500万元），678家，31.68%
［500万元，1000万元），246家，11.50%

图1-19　新型研发机构注册资本规模分布情况

拥有较好的办公场所条件。以办公面积来看，我国新型研发机构办公面积（包括自有和租借）中位数为 4194.04 平方米，且有 37.57% 的（804 家）新型研发机构拥有自有产权的办公场所。其中，29.95% 为企业类新型研发机构，5.79% 为事业单位类新型研发机构，1.83% 为社会服务机构类新型研发机构。

---

① 企业类新型研发机构为注册资本，事业单位和社会服务机构类新型研发机构为开办费，此处统称注册资本。

（二）经营收入结构多元化

2020 年，我国 2140 家新型研发机构总收入共计 1925.33 亿元，均值为 8996.87 万元，人均总收入为 92.66 万元，中位数为 1195.54 万元。其中，有 1442 家（67.38%）新型研发机构 2020 年的总收入在 500 万元及以上（图 1-20）。

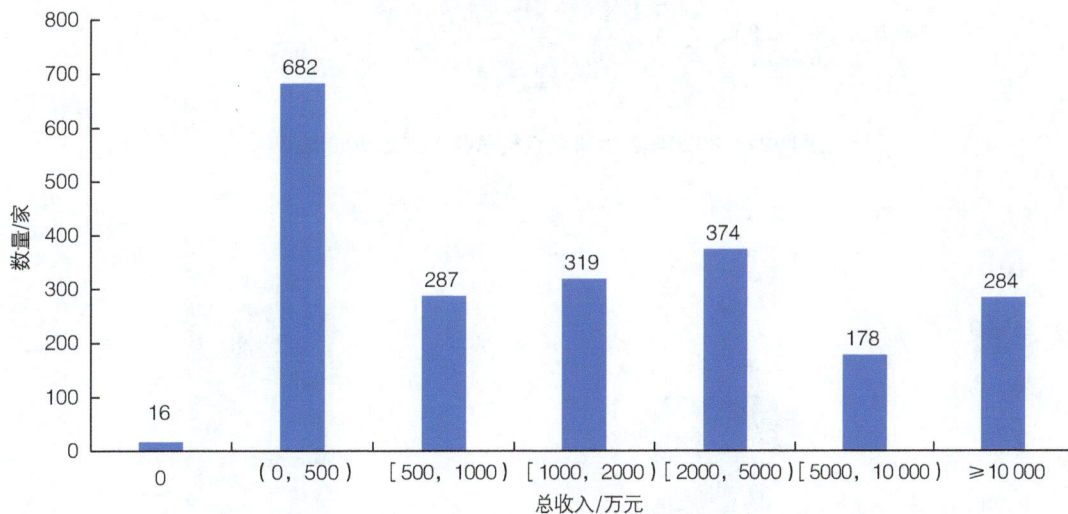

图1-20　2020年新型研发机构总收入规模分布情况

从总收入构成看，一是以非政府收入为主，2020 年我国新型研发机构总收入构成中来自政府的收入为 564.67 亿元，占总收入的 29.33%；非政府收入为 1360.66 亿元，占总收入的比例为 70.67%，其中有 1255.91 亿元为来自企业的收入，占非政府收入的 92.30%（图 1-21）。二是科研项目收入比例高，2020 年我国新型研发机构科研项目收入[①]为 466.97 亿元，占总收入的比例为 24.25%。其中，承担政府科研项目收入为 194.32 亿元（承担国家级科研项目的收入为 27.64 亿元，承担省部级科研项目的收入为 129.33 亿元）；来自企业的科研项目收入为 272.65 亿元（图 1-22）。三是技术性收入具有一定规模，2020 年我国新型研发机构技术性收入为 466.21 亿元，占总收入的 24.21%。其中，技术服务收入占比最高，占技术性收入总额的 52.66%（图 1-23）。

---

① 以政府科研项目和企业科研项目收入合计计算。

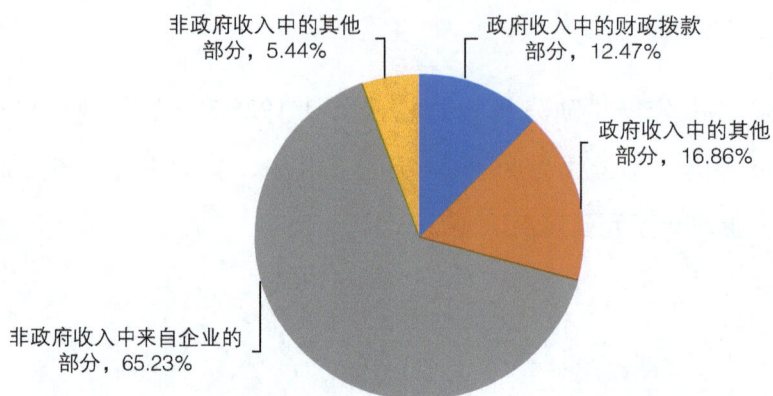

图1-21　2020年新型研发机构总收入来源构成情况

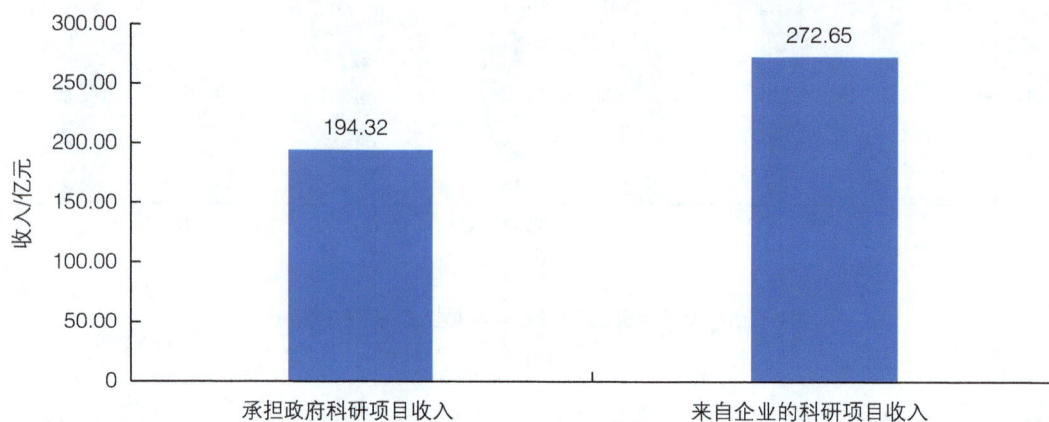

图1-22　2020年新型研发机构来自政府和企业的科研项目收入情况

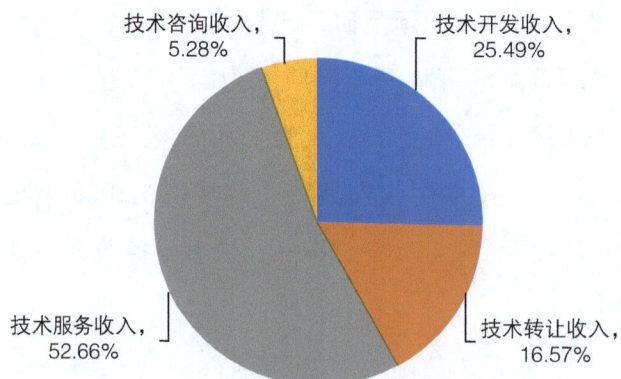

图1-23　2020年新型研发机构技术性收入构成情况

（三）盈余状况差异较大

从实现盈余的机构数来看，仅半数机构实现正盈余。2020年有1156家新型研发机构年度总收入大于总支出，占新型研发机构总量的54.02%，其总盈余金额为211.10亿元；而其余约半数机构总支出大于总收入，其总亏损金额为137.53亿元。

从盈余水平来看，仅小部分机构净盈余较为可观。2020年我国新型研发机构年度净盈余达到73.57亿元，平均每家机构盈余343.79万元。但具体来看，新型研发机构的盈余水平存在较大差距。在实现正盈余的机构中，有322家新型研发机构净盈余超过（含）500万元，占新型研发机构总量的15.05%（图1-24），322家机构的净盈余总和为新型研发机构净盈余的2.72倍[1]。

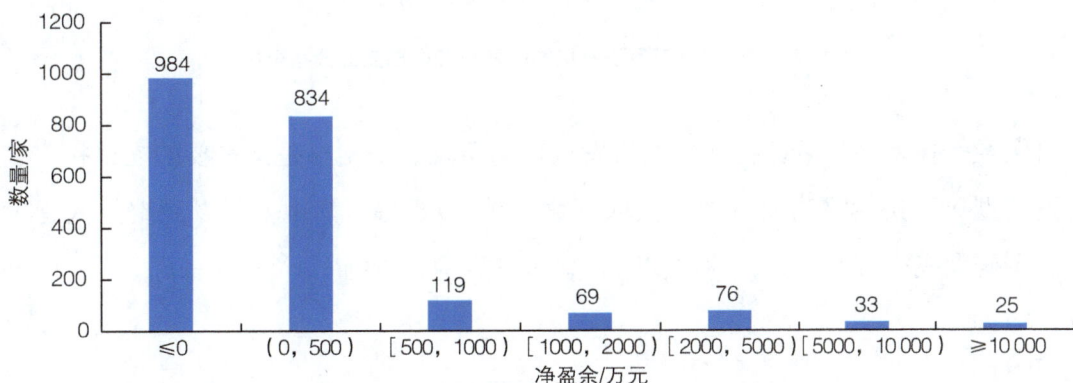

图1-24　2020年新型研发机构净盈余规模分布情况

五、新型研发机构研发活动情况

我国新型研发机构以大规模的经费投入和高质量的研发人员配置支撑了高水平科研项目的开展，并取得了显著的科技创新成果，凸显了其以"研发"为主营业务的机构属性特征。

（一）研发经费投入可观

从研发经费规模看，我国新型研发机构研发经费支出规模已经具有一定体量。2020年，我国新型研发机构研发经费（R&D经费）支出总规模为820.14亿元[2]，其中研发经费内部支出为781.97亿元，占研发经费支出总额的95.35%；机构研发经费内部支出均值为3654.08

---

[1]　部分新型研发机构年度支出大于收入。

[2]　2020年，我国政府属研究机构研发经费支出3408.8亿元；高等学校研发经费支出1882.5亿元。

万元，中位数为 445.41 万元；研发经费内部支出超过（含）500 万元的新型研发机构为 1004 家，占比近 50%（图 1-25）。

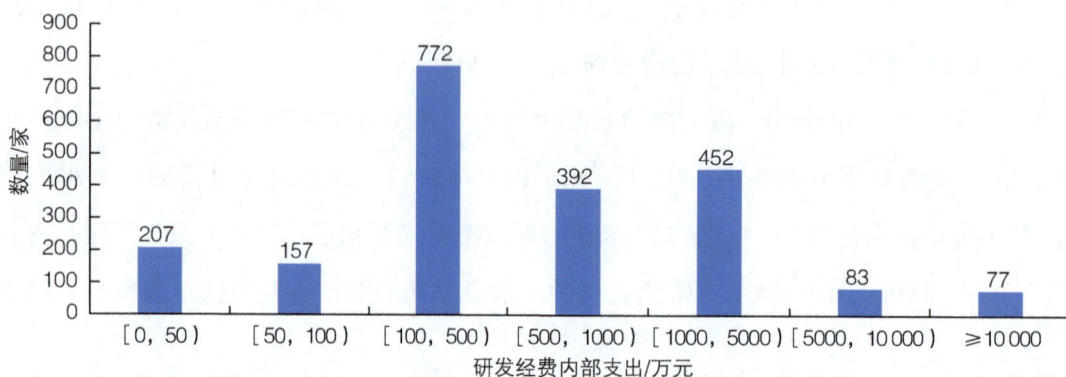

图1-25　2020年新型研发机构研发经费内部支出分布情况

从研发经费投入强度看，我国新型研发机构的研发经费支出是其重要的支出构成。2020 年，我国新型研发机构平均研发经费投入强度 [①] 为 40.62%。其中，研发经费投入强度超过 80% 的新型研发机构有 527 家，约占我国新型研发机构总量的 1/4（图 1-26）。

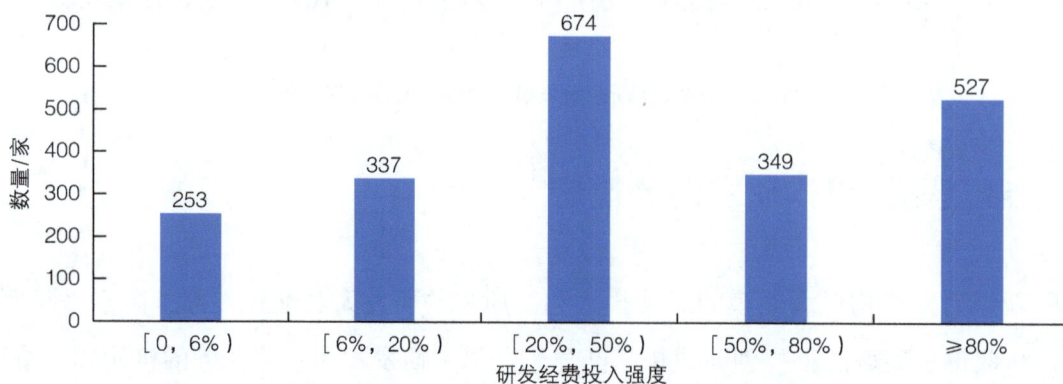

图1-26　2020年新型研发机构研发经费投入强度分布情况

从科研仪器设备配置看，我国有 92.90% 的新型研发机构拥有单价万元以上的科研仪器设备。其中，自有科研仪器设备原值合计在 500 万元及以上的新型研发机构有 991 家，占比为 46.31%；自有科研仪器设备原值合计在 1000 万元及以上的新型研发机构有 650 家，占比为 30.37%（图 1-27）。

___
① 以研发经费内部支出／总收入进行计算。

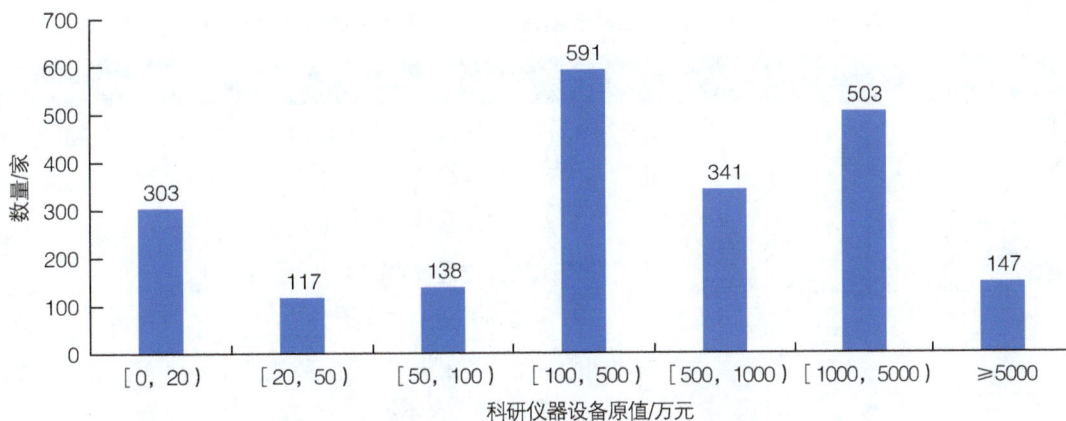

图1-27　新型研发机构科研仪器设备原值分布情况

（二）承担大量科研任务

2020年，我国新型研发机构承担的科研项目总数达34 527项[①]，承担科研项目均值为16.13项，承担科研项目中位数为6项。

从科研项目来源看，企业科研项目数量占比最高。2020年新型研发机构共承担企业科研项目17 932项，占当年承担科研项目总量的51.94%；承担政府科研项目13 694项，占当年承担科研项目总量的39.66%（图1-28）。平均每家新型研发机构承担企业科研项目8.38项，是承担政府科研项目均值（6.40项）的1.31倍。其中，湖北中程科技产业技术研究院有限公司、中国科学院宁波材料技术与工程研究所、清华大学天津高端装备研究院等机构2020年承担的企业科研项目数量位居全国新型研发机构前列（表1-1）。

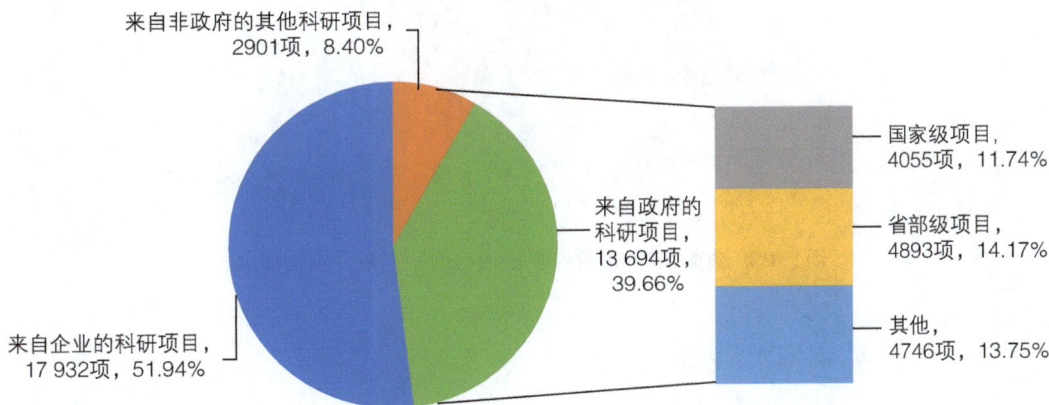

图1-28　2020年新型研发机构承担科研项目构成情况

①　年度在研科研项目。

表1-1　2020年承担企业科研项目数量排名前十的新型研发机构

序号	机构名称
1	湖北中程科技产业技术研究院有限公司
2	中国科学院宁波材料技术与工程研究所
3	清华大学天津高端装备研究院
4	广州软件应用技术研究院
5	青岛华大基因研究院
6	石药集团中奇制药技术（石家庄）有限公司
7	皖江新兴产业技术发展中心
8	北京大学深圳研究生院
9	清华大学深圳国际研究生院
10	清华苏州环境创新研究院

从科研项目层级看，2020年有超过半数（1096家）的新型研发机构承担了国家级和省部级科研项目（图1-29），承担国家级和省部级科研项目数为8948项，占来自政府的科研项目数的65.34%，占全部科研项目数的25.91%。此外，还有129家新型研发机构（主要分布在江苏、广东两个省份）承担了253项国际合作科技项目。

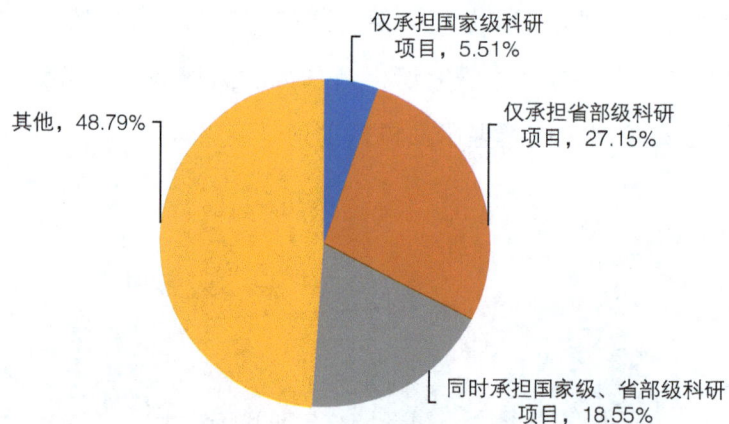

图1-29　2020年承担政府科研项目的新型研发机构情况

（三）科技创新成果产出丰富

我国新型研发机构在专利申请受理、形成标准等方面表现突出。

从专利申请受理情况看，2020年度有1708家（占比79.81%）新型研发机构进行了专利申请，专利申请受理量达到35 477件。从申请专利类型看，2020年，新型研发机构共申请发明专利 32 978 件，占年度专利申请受理量的 92.96%；申请国内发明专利 21 950 件，占年度发明专利申请受理量的 66.56%。申请欧美日专利 327 件，占年度专利申请受理量的 0.92%；申请 PCT 专利 1316 件，占年度专利申请受理量的 3.71%（图 1-30）。2020 年申请专利的新型研发机构平均申请专利 20.77 件，申请专利中位数为 6 件[①]。

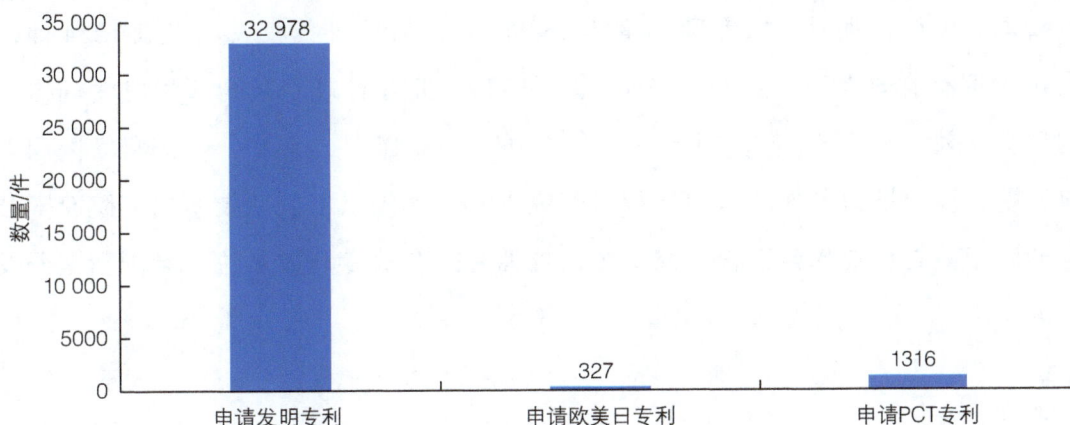

图1-30　2020年新型研发机构专利申请情况

从专利授权情况看，2020 年有 1385 家（占比 64.72%）新型研发机构获得专利授权，专利授权总量达 19 974 件。从授权专利类型看，授权发明专利 7969 件，占年度专利授权量的 39.90%；授权欧美日专利 201 件，占年度专利授权量的 1.01%（图 1-31）。2020 年获得专利

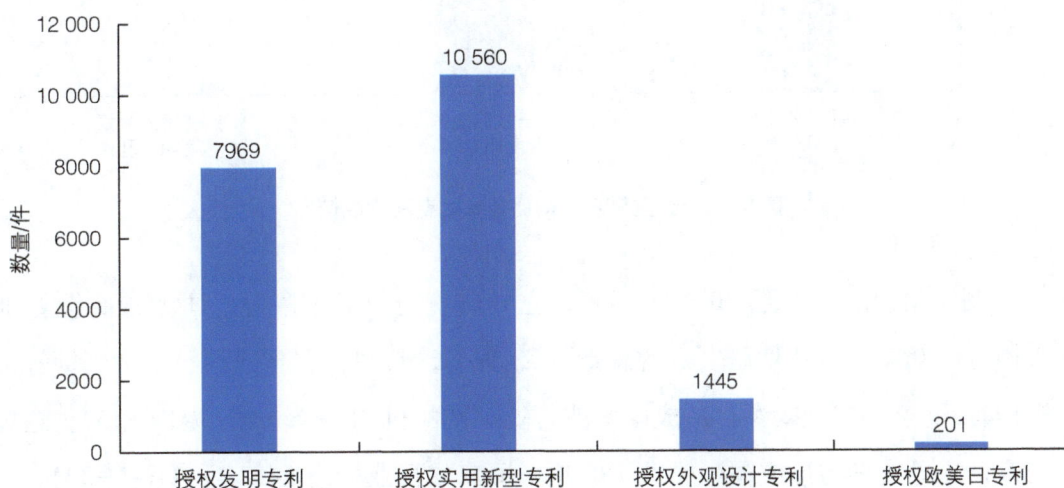

图1-31　2020年新型研发机构专利授权情况

---

① 在计算专利、标准，以及开展转化孵化活动等的均值或中位数时，均以开展了此类活动的机构数量为分母。

授权的新型研发机构平均每家机构授权专利 14.42 件，专利授权量中位数为 6 件。中国科学院深圳先进技术研究院、湖北省地质资源环境产业技术研究院、中国科学院宁波材料技术与工程研究所等机构年度专利授权量位居全国新型研发机构前列。

从拥有的有效专利看，截至 2020 年年底，共有 1700 家（占比 79.44%）新型研发机构拥有有效专利，共拥有有效专利 76 909 件。从专利类型来看，拥有有效发明专利 35 426 件，占新型研发机构拥有有效专利总量的 46.06%；拥有境外授权发明专利 1254 件，占新型研发机构拥有有效专利总量的 1.63%（图 1-32）。拥有有效专利的新型研发机构平均每家机构拥有有效专利 45.21 件，拥有有效专利中位数为 15 件。其中，中国科学院深圳先进技术研究院、珠海格力节能环保制冷技术研究中心、重庆宗申创新技术研究院有限公司、中国科学院宁波材料技术与工程研究所等机构拥有的有效专利数量位于全国新型研发机构前列。

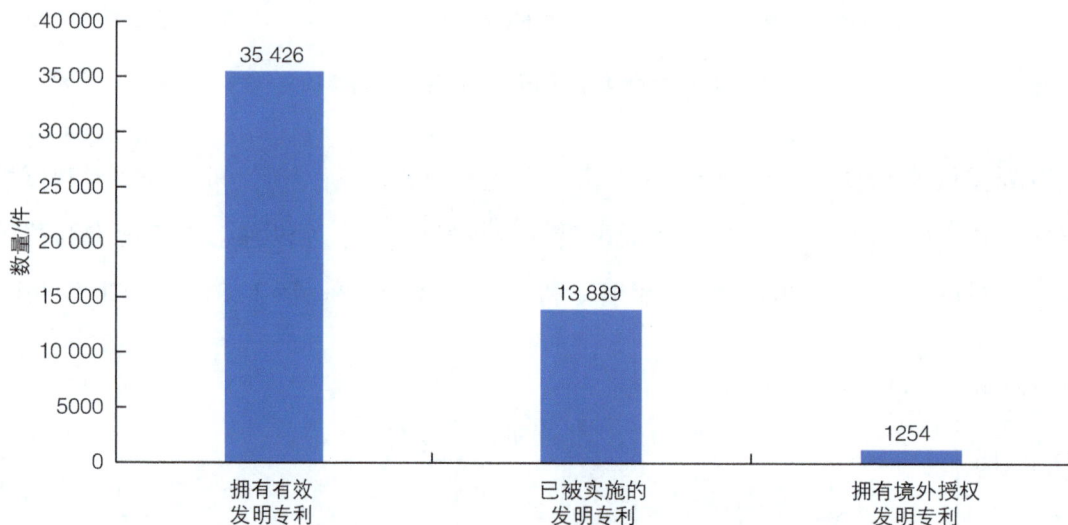

图1-32　新型研发机构拥有有效专利构成情况

从标准制定情况看，截至 2020 年年底，主导或参与形成了国际、国家或行业标准的新型研发机构有 470 家，占新型研发机构总量的 21.96%。其中，主导或参与形成国际标准的新型研发机构有 69 家，主导或参与形成国家或行业标准的机构有 456 家（图 1-33）。这些新型研发机构累计主导或参与形成国际标准 180 项，国家或行业标准 5451 项（图 1-34）。

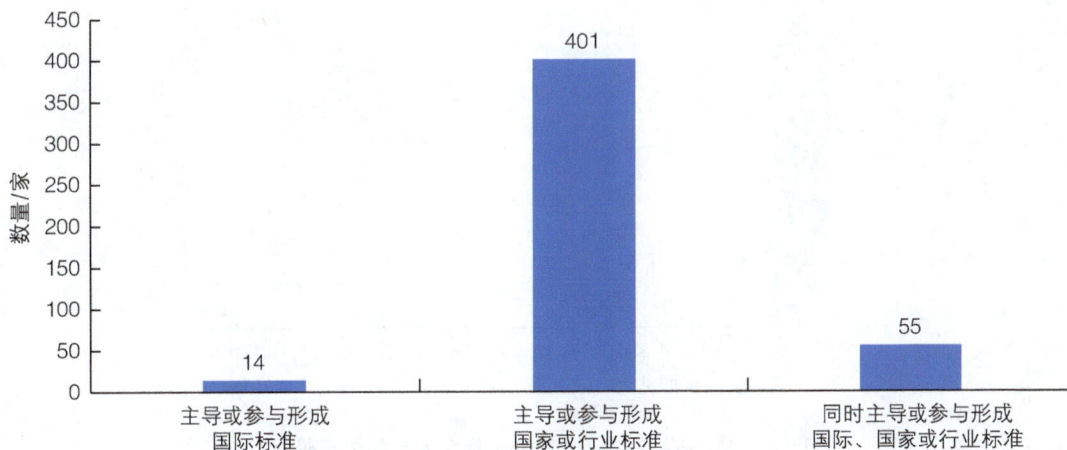

图1-33　主导或参与形成标准的新型研发机构情况

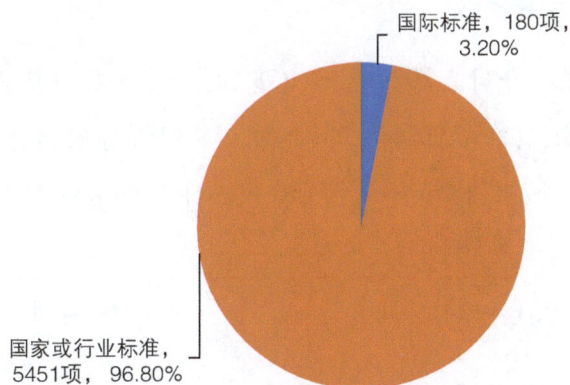

图1-34　新型研发机构主导或参与形成的标准构成情况

六、新型研发机构产业化活动情况

将产业化活动整合纳入机构主营业务范畴，是新型研发机构融通科技与产业的重要实践。具体来看，新型研发机构主要通过科技成果转移转让、开展创业孵化服务、开展技术咨询和检验检测服务等方式促进科技成果的转化和产业化。

（一）面向企业提供研发服务

2020年，全国共有1289家新型研发机构面向企业开展了检验检测认证、科技成果转化等服务活动，年度共服务企业119 001家，年度服务企业数量均值为92.32家，中位数为15家。其中，年度服务企业数量在100家以上的新型研发机构有188家，占我国新型研发机构总量的8.79%（图1-35）。

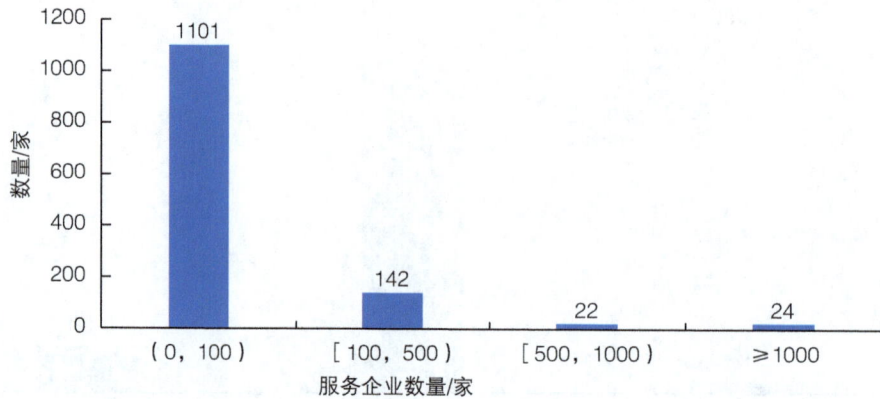

图1-35　2020年新型研发机构服务企业数量分布情况

（二）推动科技成果转移转化

开展专利所有权转让及许可。2020年有253家新型研发机构发生专利所有权转让及许可，年度专利所有权转让及许可总量为2471项，专利所有权转让及许可总收入达到6.60亿元。其中，有51家新型研发机构年度专利所有权转让及许可数在10件以上（图1-36）。

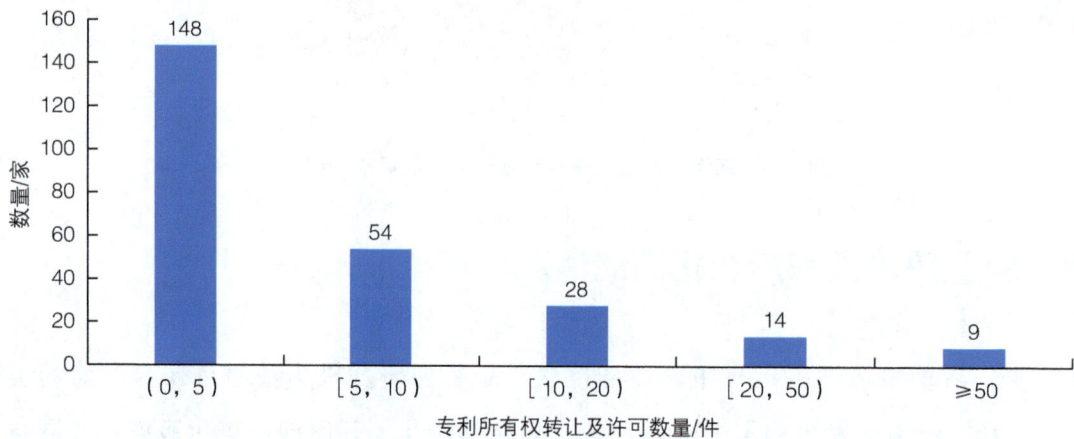

图1-36　2020年新型研发机构专利所有权转让及许可数量分布情况

开展技术作价入股。2020年共有184家新型研发机构开展了技术作价入股活动，年度技术作价入股企业数共计254家。截至2020年年底，我国新型研发机构累计技术作价入股企业数1691家。

截至2020年年底，新型研发机构拥有的发明专利中已被实施的为13 889件，占新型研发机构拥有发明专利总量的39.21%。

（三）积极开展创业孵化

截至 2020 年年底，已有 1060 家新型研发机构开展了创业孵化服务业务，占新型研发机构总量的 49.53%。开展创业孵化服务业务的新型研发机构累计孵化企业 19 958 家，累计孵化企业均值为 18.83 家。其中，深圳清华大学研究院累计孵化企业数量最多，为 3000 家。新型研发机构孵化的企业中，累计产生了 101 家上市企业，2254 家国家高新技术企业，4622 家科技型中小企业[①]（图 1-37）。

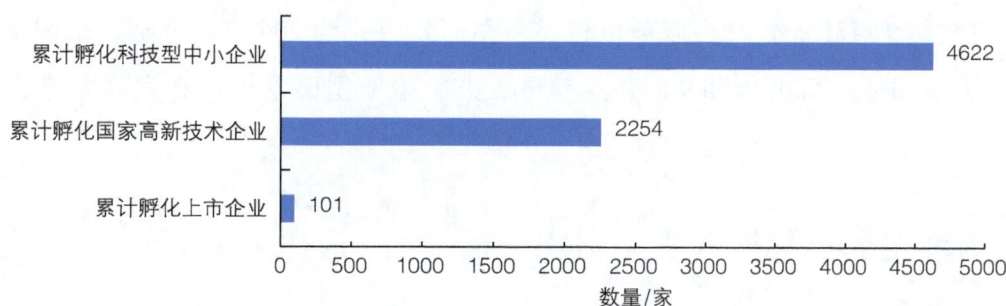

图1-37　新型研发机构累计孵化3类优质企业情况

同时，新型研发机构还通过设立投资基金的形式强化创业孵化服务功能。截至 2020 年年底，全国已有 168 家新型研发机构设立了投资基金，占新型研发机构总量的 7.85%（图 1-38）。投资基金总数为 262 支，总规模 218.23 亿元。设立投资基金的新型研发机构投资基金规模均值为 1.30 亿元，最大值为 38.71 亿元。这些投资基金已累计投资企业 1608 家，累计出资 92.83 亿元，其中 2020 年度投资企业 558 家。

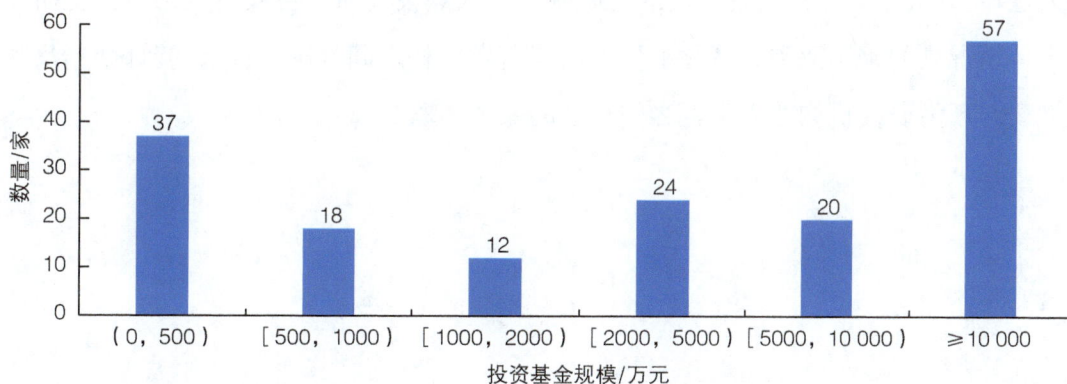

图1-38　新型研发机构投资基金规模分布情况

---

① 即全国科技型中小企业库入库企业。

第二章　新型研发机构法人类型专题分析

截至 2020 年年底，我国新型研发机构中企业类新型研发机构为 1464 家，事业单位类新型研发机构为 472 家，社会服务机构类新型研发机构为 204 家，分别占全国新型研发机构总量的 68.41%、22.06% 和 9.53%。不同法人类型新型研发机构在发展状态上呈现差异性。

一、3种类型机构投入主体对比分析

3 种法人类型新型研发机构的主要投入主体多元化程度存在显著差异，进而影响了不同类型新型研发机构经营活动、研发活动和产业化活动的开展。

（一）主要投入主体差别较大

就主要投入主体来看，不同法人类型新型研发机构的主要投入主体各不相同。其中，企业类新型研发机构的主要投入主体为企业，有 87.28% 的机构都有企业主体进行了投入；事业单位类新型研发机构则以地方政府和高校院所为主要投入主体，有 75.82% 的机构有地方政府投入建设，60.13% 的机构有高校或科研院所投入建设；而社会服务机构类新型研发机构的投入主体情况则处于企业类和事业单位类新型研发机构之间（图 2-1）。统计数据反映了投入主体性质与新型研发机构法人类型之间存在的紧密关联。

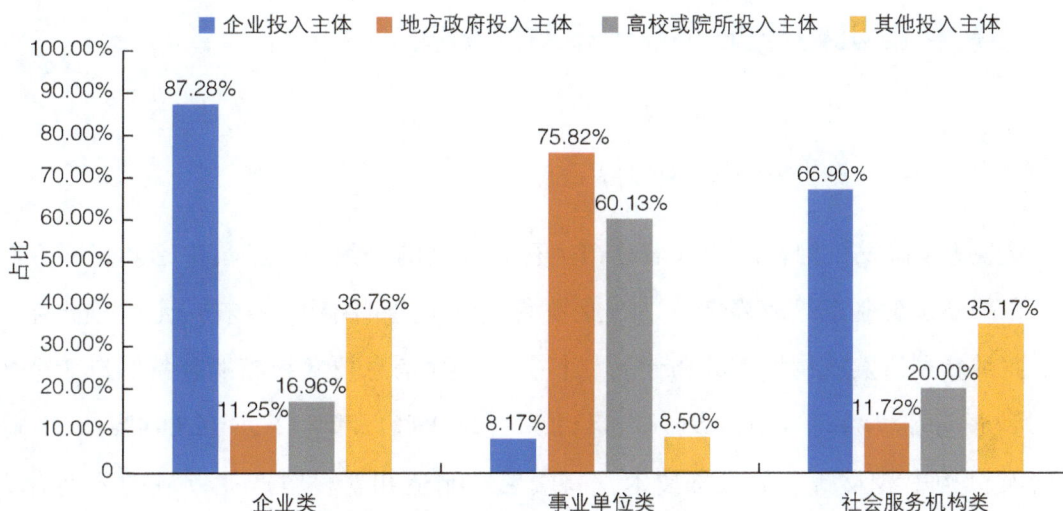

图2-1　3类新型研发机构中各类主体投入建设的机构数量占比

（二）投入主体的多元化程度不一

就投入主体的多元化程度来看，不同法人类型的新型研发机构投入主体都包含了企业、地方政府、高校院所等。但具体来看，事业单位类新型研发机构投入主体的多元化程度最高。事业单位类新型研发机构中有50.33%的机构涉及2类及以上投入主体，高于企业类47.14%的占比和社会服务机构类31.04%的占比（图2-2）。

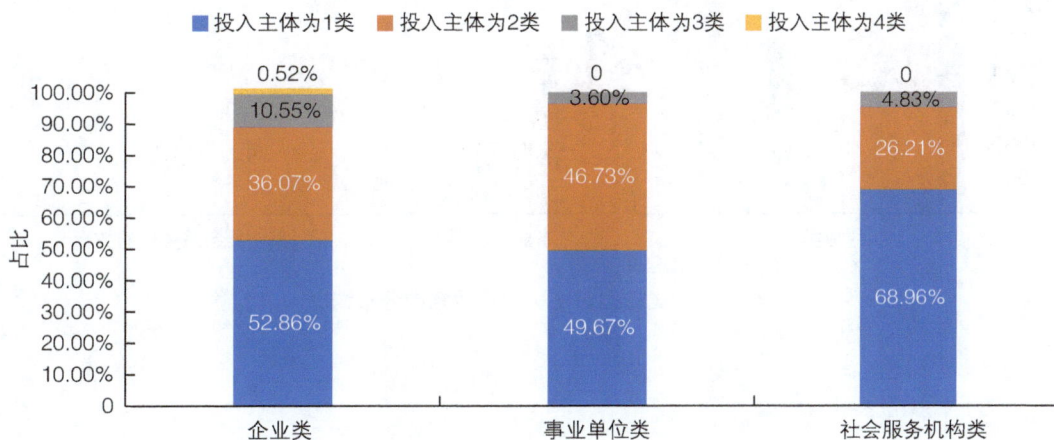

图2-2　3类新型研发机构投入主体类型构成情况

二、3种类型机构产业领域分布对比分析

（一）战略性新业产业领域集中度高

3 种类型新型研发机构在产业领域分布上存在较高的一致性，都集中于新材料、新一代信息技术和高端装备制造等战略性新兴产业领域，但在比例结构上存在一定的差异性。具体来看，企业类新型研发机构均匀分布于新材料、新一代信息技术和高端装备制造 3 个产业领域，机构数量分别为 424 家（28.96%）、424 家（28.96%）和 412 家（28.14%）。事业单位类新型研发机构中涉及新一代信息技术、高端装备制造和新材料产业领域的分别有 232 家（49.15%）、195 家（41.31%）和 183 家（38.77%）。社会服务机构类新型研发机构中涉及新一代信息技术、新材料和高端装备制造产业领域的分别有 65 家（31.86%）、61 家（29.90%）和 59 家（28.92%）（图 2-3）。

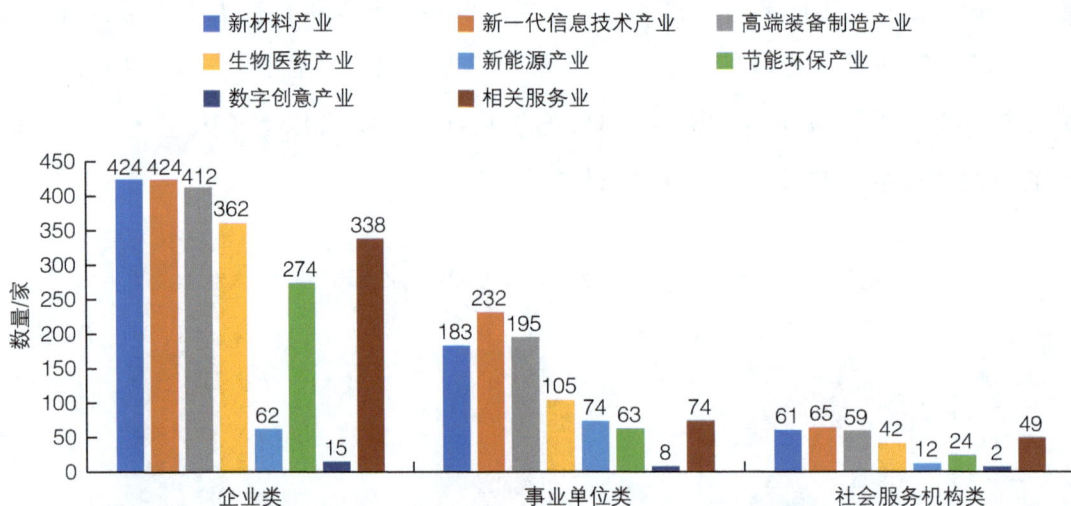

图2-3 3类新型研发机构产业领域分布情况

（二）普遍覆盖多个产业领域

从机构涉及产业领域数量来看，3 种法人类型新型研发机构都有超过 50% 的机构涉及 2 个及以上产业领域，且事业单位类新型研发机构涉及 2 个及以上产业领域的数量最多，占比为 68.86%，高于社会服务机构类新型研发机构（55.39%）和企业类新型研发机构（54.58%）（图 2-4）。

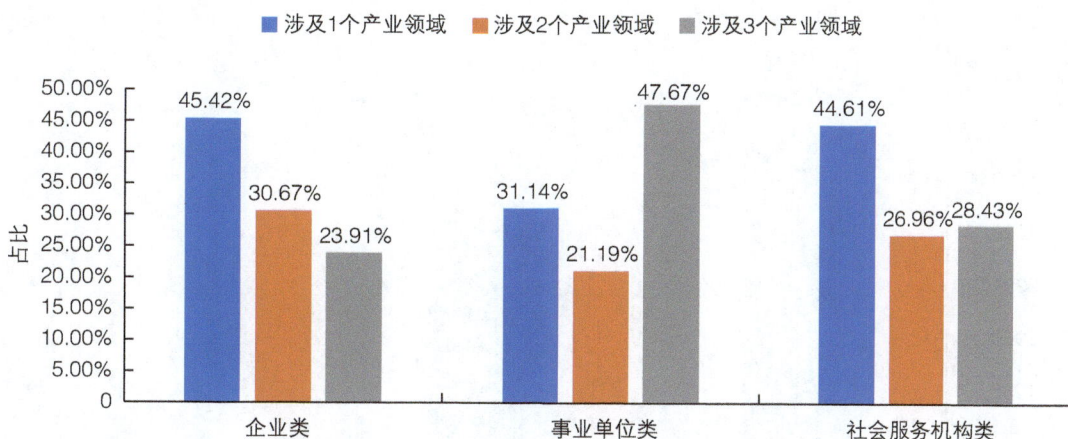

图2-4　3类新型研发机构涉及的产业领域个数分布情况

三、3种类型机构经营发展情况对比分析

3种类型的新型研发机构在经营发展方面存在差异性。其中，企业类新型研发机构在经营发展的资本支撑条件、经营收入来源结构及自我维持发展的能力等方面均优于事业单位类新型研发机构和社会服务机构类新型研发机构，但事业单位类新型研发机构和社会服务机构类新型研发机构在研发人员条件等方面则优于企业类新型研发机构。

（一）基本运营条件差异较大

以注册资本指标来看，一是企业类新型研发机构注册资本均值为6910.09万元，为3种类型新型研发机构的最高值，高于事业单位类新型研发机构（4568.07万元）和社会服务机构类新型研发机构（1149.02万元）（图2-5）。二是企业类新型研发机构注册资本规模主要集中在1000万～5000万元，注册资本在1000万～5000万元的有639家，占企业类新型研发机构总量的43.65%。而事业单位类新型研发机构和社会服务机构类新型研发机构注册资本主要集中在500万元以下。其中，事业单位类新型研发机构注册资本在500万元以下的有240家，占事业单位类新型研发机构总量的50.85%；社会服务机构类新型研发机构注册资本在500万元以下的有160家，占社会服务机构类新型研发机构总量的78.43%（图2-6）。

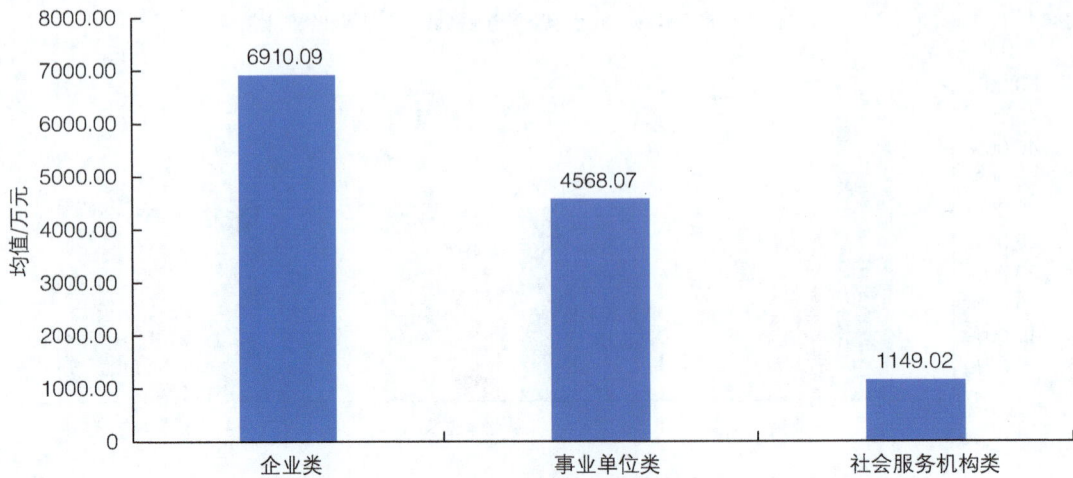

图2-5　3类新型研发机构注册资本均值对比

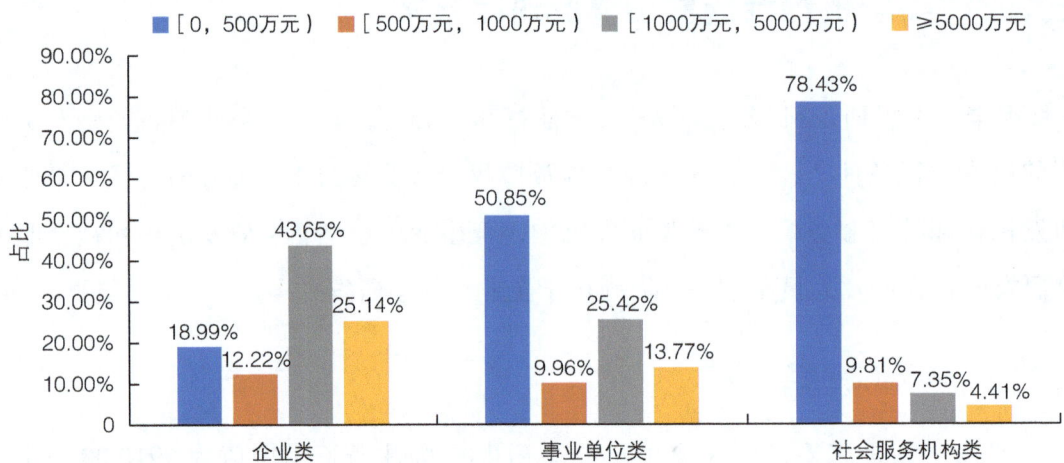

图2-6　3类新型研发机构注册资本规模分布对比

以机构从业人员指标来看，企业类新型研发机构从业人员总量及均值都为3类新型研发机构的最大值。其中，企业类新型研发机构从业人员总量为151 943人，占我国新型研发机构从业人员总量的73.12%（图2-7）；企业类新型研发机构平均从业人员为103.79人，高于事业单位类新型研发机构（100.14人）和社会服务机构类新型研发机构（42.04人）（图2-8）。

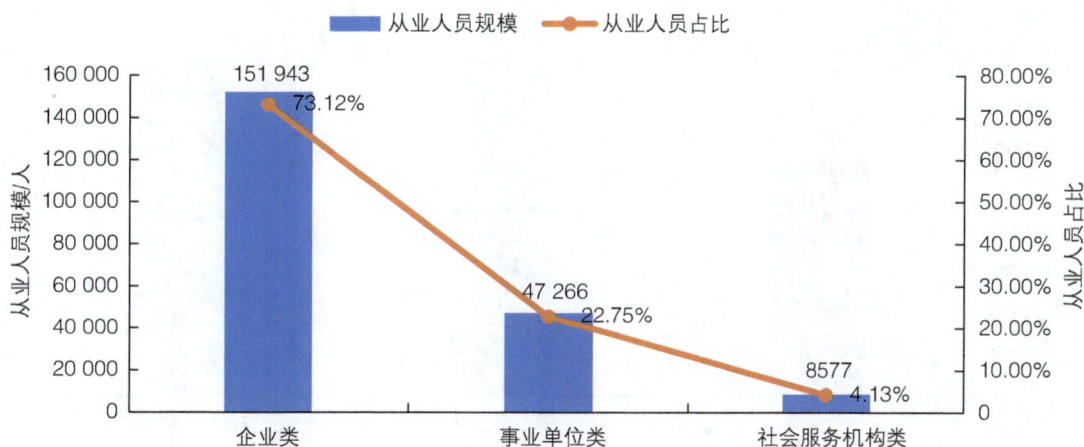

图2-7　3类新型研发机构从业人员规模及占全国新型研发机构从业人员的比例

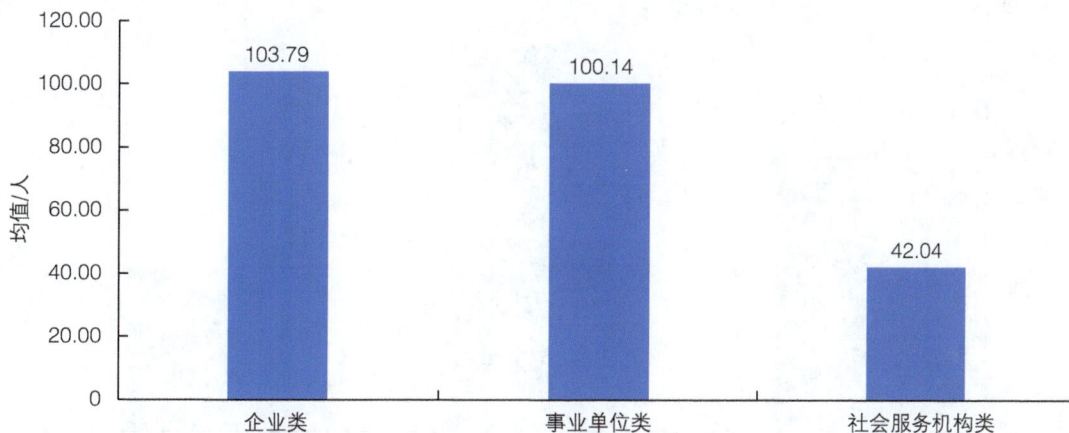

图2-8　3类新型研发机构从业人员数量均值对比

从研发人员指标来看，社会服务机构类和事业单位类新型研发机构研发人员支撑较强。一是社会服务机构类新型研发机构研发人员占比最高，达到82.01%，其次是事业单位类新型研发机构，研发人员占比为81.39%，企业类新型研发机构研发人员占比为57.72%（图2-9）。二是事业单位类新型研发机构研发人员均值最高，为81.51人，高于企业类新型研发机构（59.91人）和社会服务机构类新型研发机构（34.48人）（图2-10）。三是事业单位类新型研发机构硕士及以上学历研发人员占比最高，达到68.14%，其次为社会服务类新型研发机构，占比为51.72%，企业类新型研发机构最低，占比为34.81%（图2-11）。四是事业单位类新型研发机构国际化人才占比最高，留学归国人员和外籍常驻人员占其研发人员的比例为12.15%，高于社会服务机构类新型研发机构（7.37%）和企业类新型研发机构（2.87%）（图2-12）。

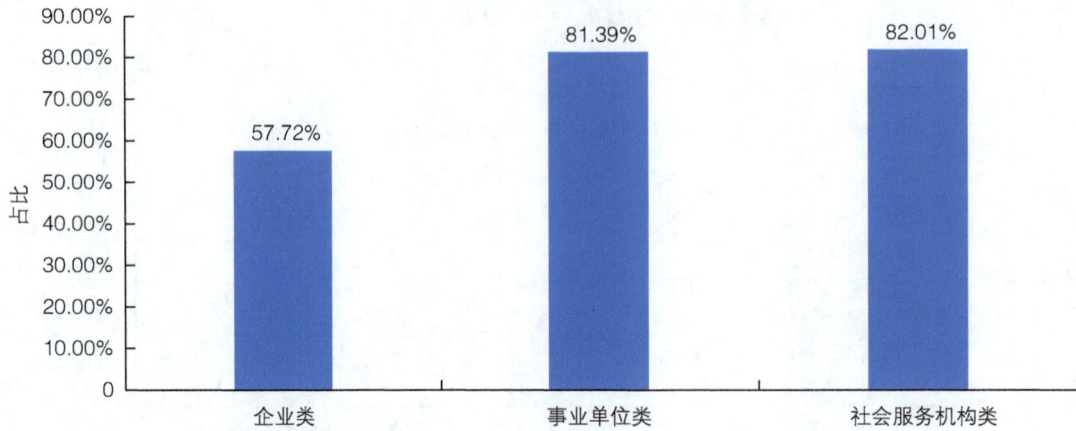

图2-9　3类新型研发机构从业人员中研发人员占比情况

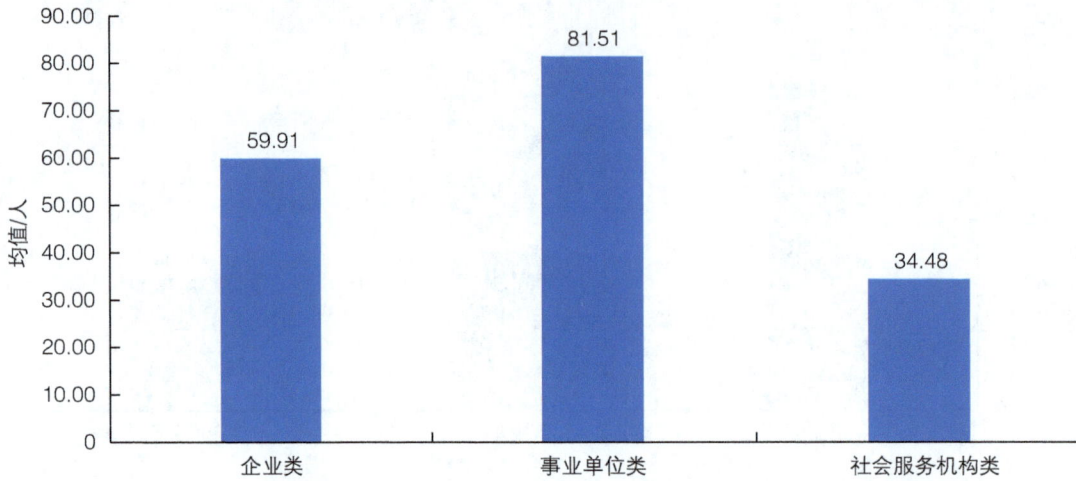

图2-10　3类新型研发机构研发人员均值对比

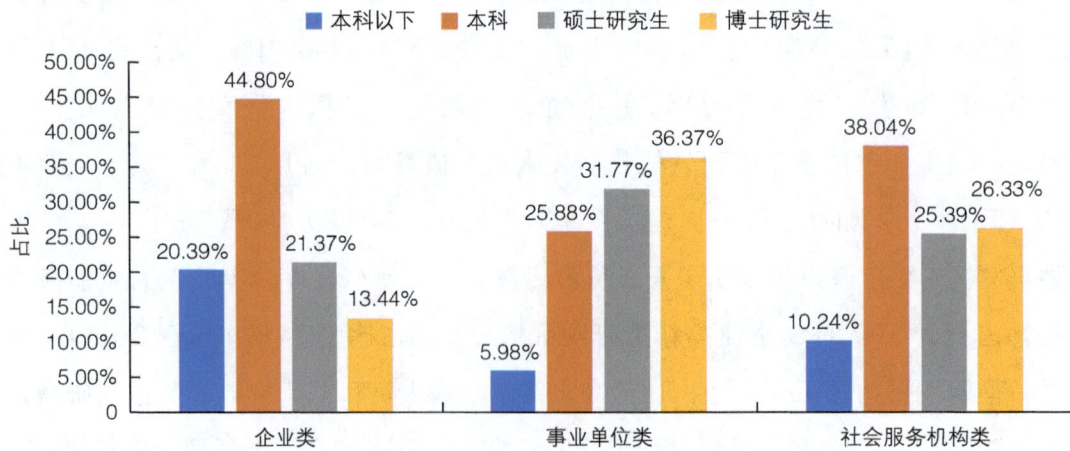

图2-11　3类新型研发机构研发人员学历（位）结构情况

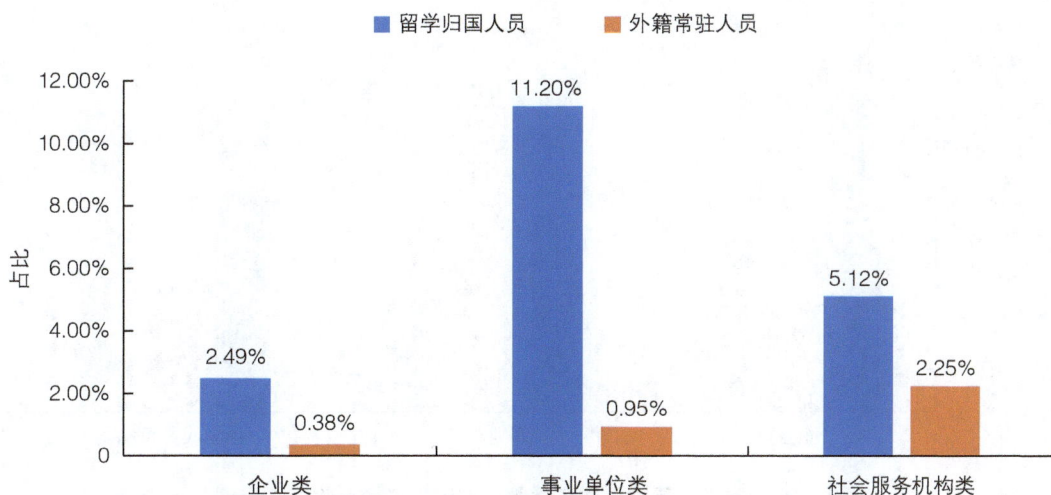

图2-12　3类新型研发机构研发人员中国际化人才占比情况

（二）收入情况各异

从收入来源看，不同法人类型新型研发机构存在显著差异。企业类新型研发机构以来自企业的收入为主要收入构成。2020年，企业类新型研发机构来自企业的收入占总收入的比例为74.49%，高于事业单位类新型研发机构（26.01%）和社会服务机构类新型研发机构（68.00%）。事业单位类新型研发机构以政府资金收入为主要收入来源。2020年，事业单位类新型研发机构来自政府的资金收入占其总收入的比例为71.74%（其中政府拨款占其总收入的52.14%），远高于企业类新型研发机构（19.36%）和社会服务机构类新型研发机构（25.44%）。社会服务机构类新型研发机构总体以来自企业的收入为主，且其收入主要表现为技术性收入。2020年，社会服务机构类新型研发机构技术性收入总额为56.92亿元，占其总收入的比例为71.75%，远高于事业单位类新型研发机构（20.41%）和企业类新型研发机构（29.53%）（图2-13）。由此可以看出，社会服务机构类新型研发机构面向企业开展研发活动的特征更为显著。

从收入水平看，企业类机构收入水平最高。2020年企业类新型研发机构共实现总收入1488.79亿元，占我国新型研发机构总收入的77.33%（图2-14）；企业类新型研发机构总收入均值为10 169.36万元，高于事业单位类新型研发机构（7567.97万元）和社会服务机构类新型研发机构（3888.59万元）（图2-15）。

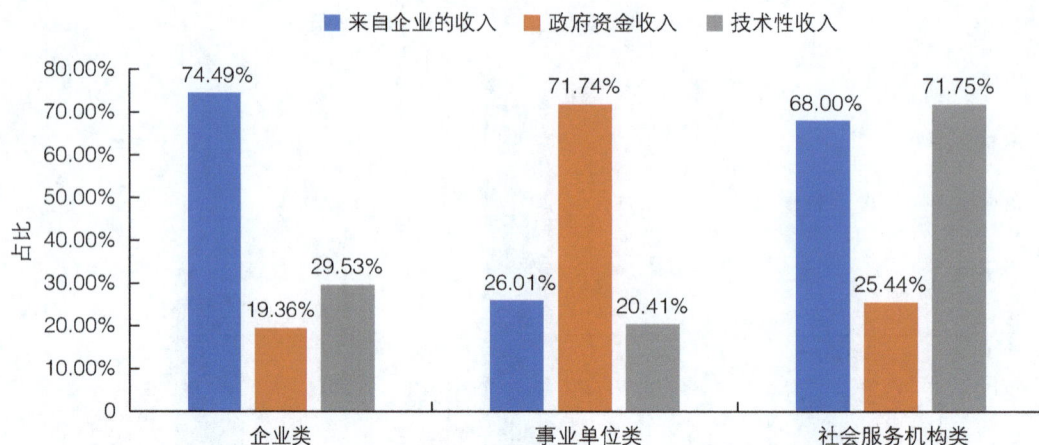

图2-13　3类新型研发机构各类收入占该类机构总收入的比例

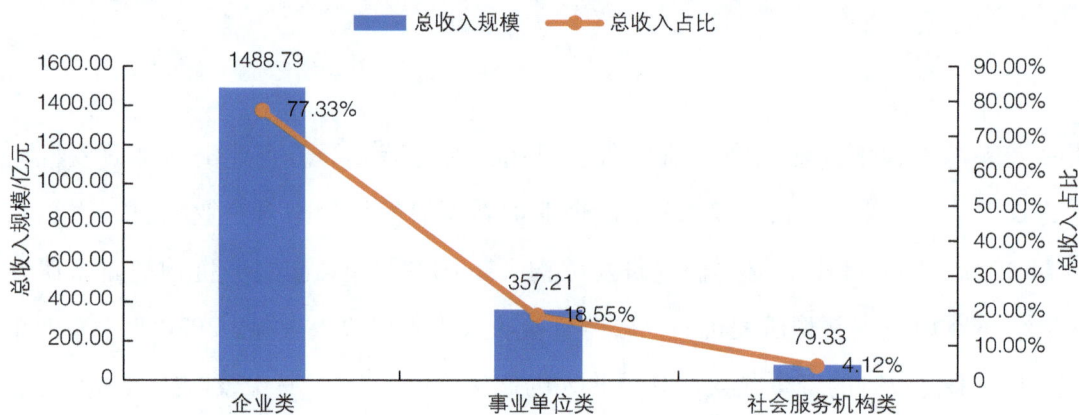

图2-14　2020年3类新型研发机构总收入规模及占我国新型研发机构总收入的比例

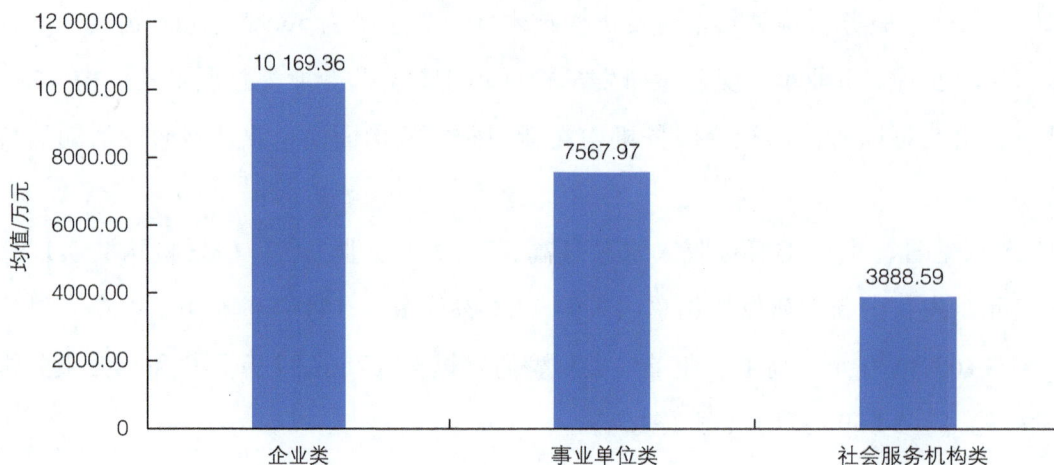

图2-15　2020年3类新型研发机构总收入均值对比

（三）经营状况差别较大

不同法人类型机构在可持续发展方面表现出较大差距，其中企业类新型研发机构盈余水平最高。

就年度盈余规模看，一是企业类新型研发机构年度净盈余规模最大，2020 年企业类新型研发机构共实现净利润 89.65 亿元，是新型研发机构年度盈余总额的 1.22 倍[①]；其次为事业单位类新型研发机构，共实现净利润 22.61 亿元，占新型研发机构年度盈余总额的 30.74%；社会服务机构类新型研发机构 2020 年总体支出大于收入，净盈余为 −38.70 亿元。二是企业类新型研发机构年度净盈余均值最高，2020 年企业类新型研发机构年度净盈余均值为 612.38 万元，高于事业单位类新型研发机构（479.11 万元）和社会服务机构类新型研发机构（−1896.84 万元）（图 2−16）。

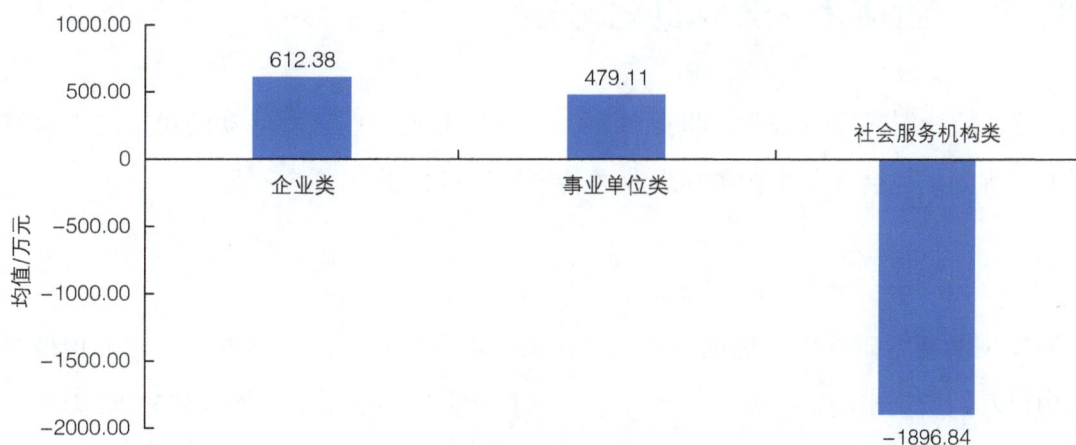

图2−16　2020年3类新型研发机构年度净盈余均值对比

就实现盈余的机构比例来看，企业类新型研发机构实现正盈余的机构占比最高。在企业类新型研发机构中有 906 家机构实现正盈余，占企业类新型研发机构总量的 61.89%；在事业单位类新型研发机构中有 173 家机构实现正盈余，占事业单位类新型研发机构总量的 36.65%；在社会服务机构类新型研发机构中，有 80 家机构年度盈余为正，占社会服务机构类新型研发机构总量的 39.22%（图 2−17）。

---

① 部分机构净利润为负值。

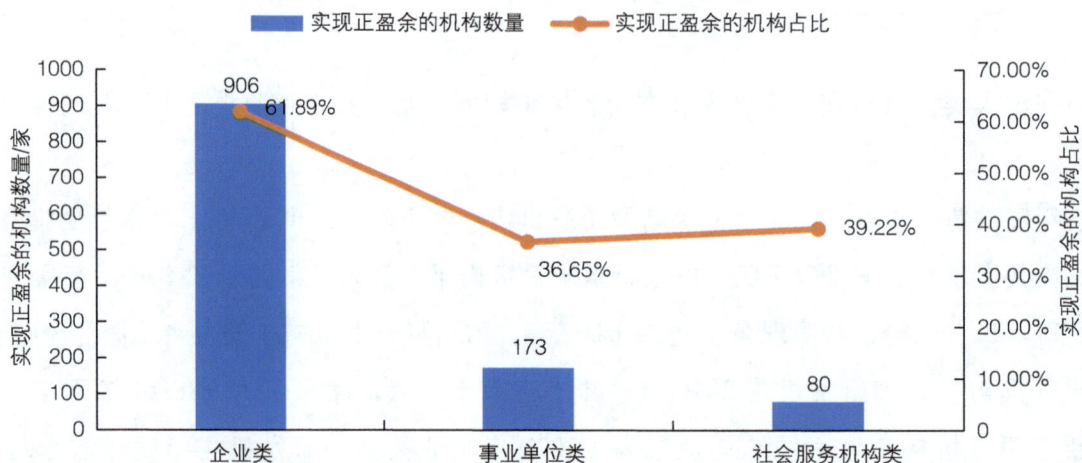

图2-17 2020年3类新型研发机构实现正盈余的机构数量及占该类机构总量的比例

四、3种类型机构研发活动对比分析

3种类型的新型研发机构中，事业单位类新型研发机构在研发活动的投入与产出绩效方面表现最为优异，社会服务机构类和企业类新型研发机构也有亮点表现。

（一）研发支撑条件总体较好

不同类型的新型研发机构都积极在研发活动方面进行投入。具体来看，事业单位类新型研发机构研发经费支出均值为6423.09万元，高于企业类新型研发机构（3137.52万元）和社会服务机构类新型研发机构（2825.52万元）（图2-18）；事业单位类新型研发机构研发经费投入强度为82.46%，高于社会服务机构类新型研发机构（70.36%）和企业类新型研发机构（28.99%）；社会服务机构类新型研发机构人均研发经费投入为65.08万元，高于事业单位类新型研发机构（62.32万元）和企业类新型研发机构（28.41万元）（图2-19）。

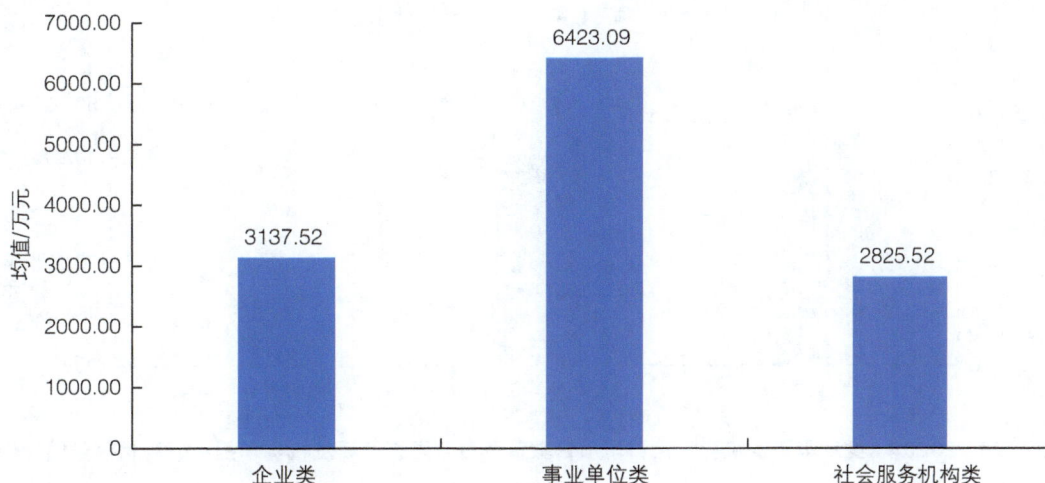

图2-18 3类新型研发机构研发经费支出均值对比

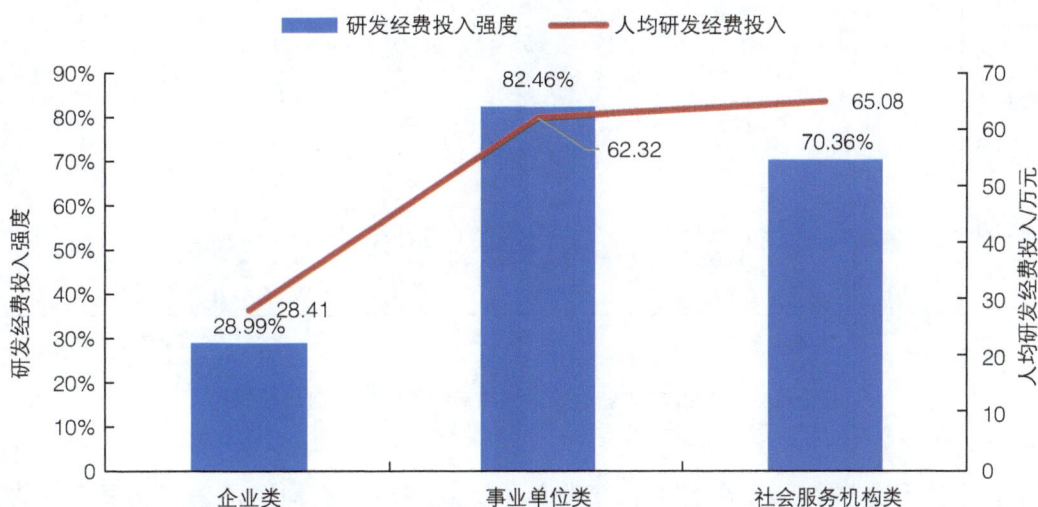

图2-19 3类新型研发机构研发经费投入强度和人均研发经费投入对比

（二）承担科研项目情况差异较大

在承担科研项目方面，不同法人类型新型研发机构存在较大差距。其中，事业单位类新型研发机构在此方面表现最优。

就承担科研项目数量看，事业单位类新型研发机构表现最突出。一是事业单位类新型研发机构承担科研项目数量最多，共计承担科研项目17 660项，占2020年我国新型研发机构承担科研项目总量的51.15%（图2-20）。二是事业单位类新型研发机构承担科研项目的均值最高，为37.42项，远高于企业类新型研发机构（10.17项）和社会服务机构类新型研发机构（9.70项）（图2-21）。

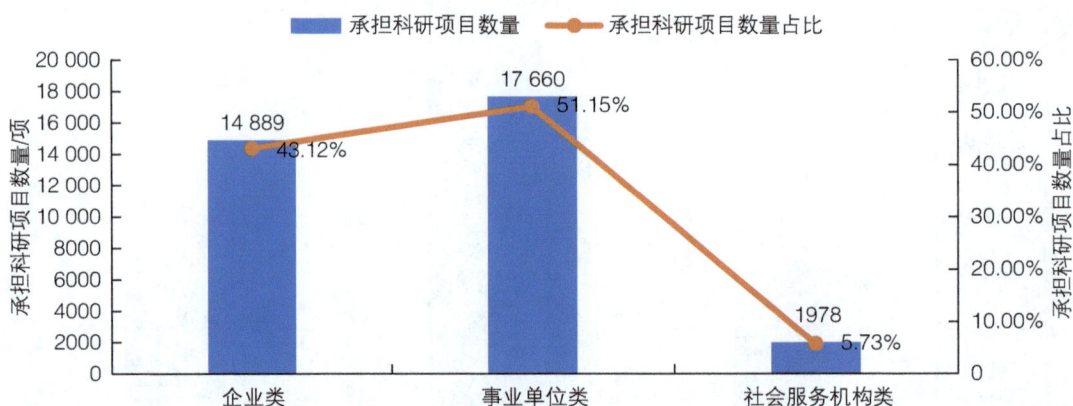

图2-20　2020年3类新型研发机构承担科研项目数量及占全国新型研发机构承担科研项目总量的比例

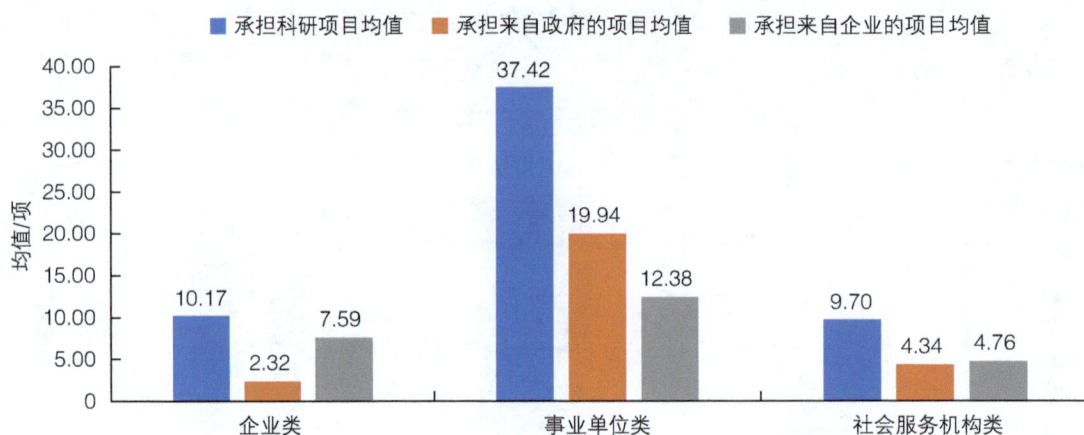

图2-21　2020年3类新型研发机构承担科研项目数均值对比

就承担国家和省部级科研项目看，事业单位类新型研发机构同样表现出显著优势。一是事业单位类新型研发机构承担国家和省部级项目均值最高，为12.52项，显著高于社会服务机构类新型研发机构（2.74项）和企业类新型研发机构（1.69项）。二是事业单位类新型研发机构承担国家和省部级项目占其承担科研项目的比例最高，达到33.47%，高于社会服务机构类（28.21%）和企业类新型研发机构（16.66%）（图2-22）。

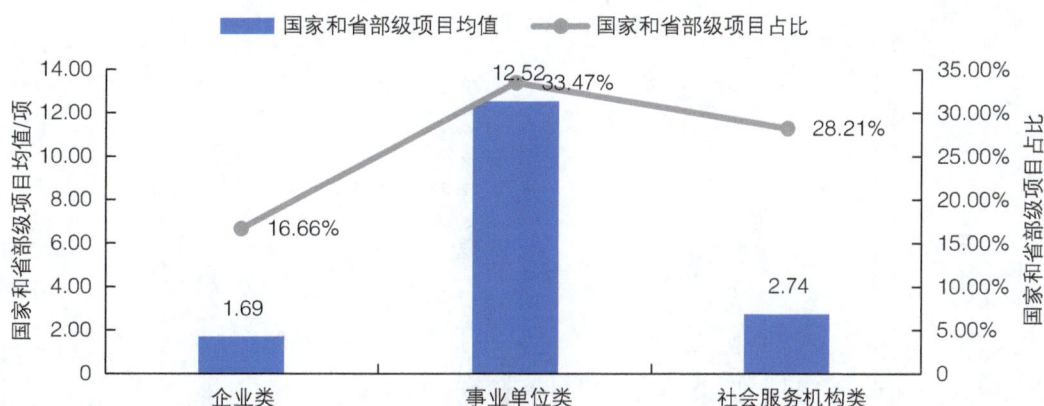

图2-22　2020年3类新型研发机构承担国家和省部级项目数均值和占该类机构承担科研项目的比例

（三）研发成果产出不均

总体来看，不同法人类型新型研发机构均有丰富的科技创新成果产出。相对而言，企业类新型研发机构和事业单位类新型研发机构表现较为突出。

就专利成果看，一是企业类新型研发机构在专利总量上具有优势。2020年，有1407家企业类新型研发机构进行了专利申请，专利申请受理量为22 103件，占2020年我国新型研发机构当年专利申请受理总量的62.30%；有1453家企业类新型研发机构在2020年获得专利授权，专利授权量达到13 340件，占2020年我国新型研发机构当年专利授权总量的66.79%；拥有有效专利46 727件，占我国新型研发机构拥有有效专利总量的60.76%（图2-23）。二是事业单位类新型研发机构在专利均值上表现突出。事业单位类新型研发机构2020年专利授权量均值及有效专利拥有量均值分别为11.69件和51.22件，远高于企业类新型研发机构（9.11件和31.92件）和社会服务机构类新型研发机构（5.48件和29.43件）（图2-24）。

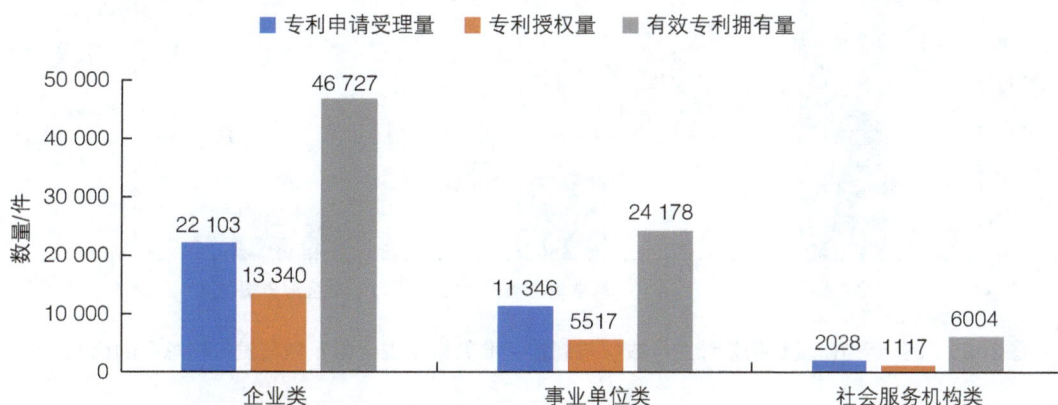

图2-23　2020年3类新型研发机构专利申请、授权和拥有有效专利总量对比

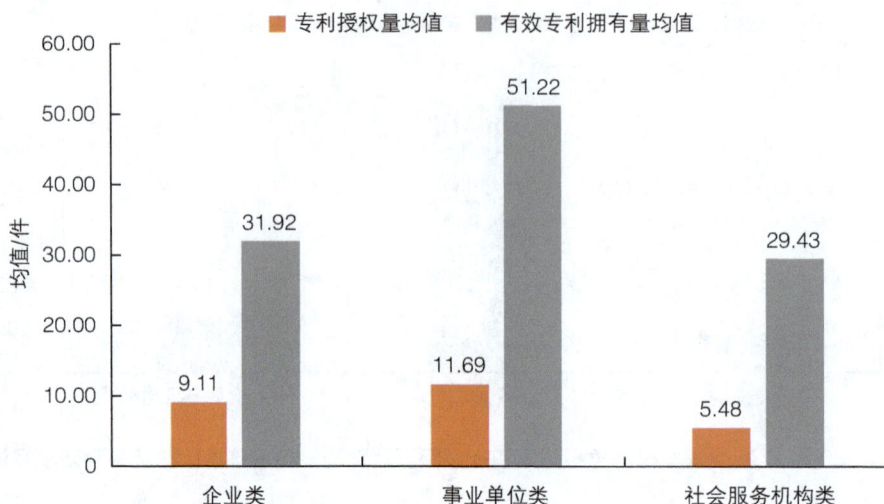

图2-24　2020年3类新型研发机构专利授权量和有效专利拥有量均值

从主导或参与标准制定看，一是企业类新型研发机构累计主导或参与制定标准数量最多，总量达到4081项，占我国新型研发机构累计主导或参与制定标准总量的72.47%（图2-25）；且企业类新型研发机构累计主导或参与制定标准数量均值最高，达到2.79项（图2-26）。二是事业单位类新型研发机构主导或参与国际标准制定的机构数量占比最高，共有24家，占事业单位类新型研发机构总量的5.08%，高于企业类（2.87%）和社会服务机构类（1.47%）（图2-27）。

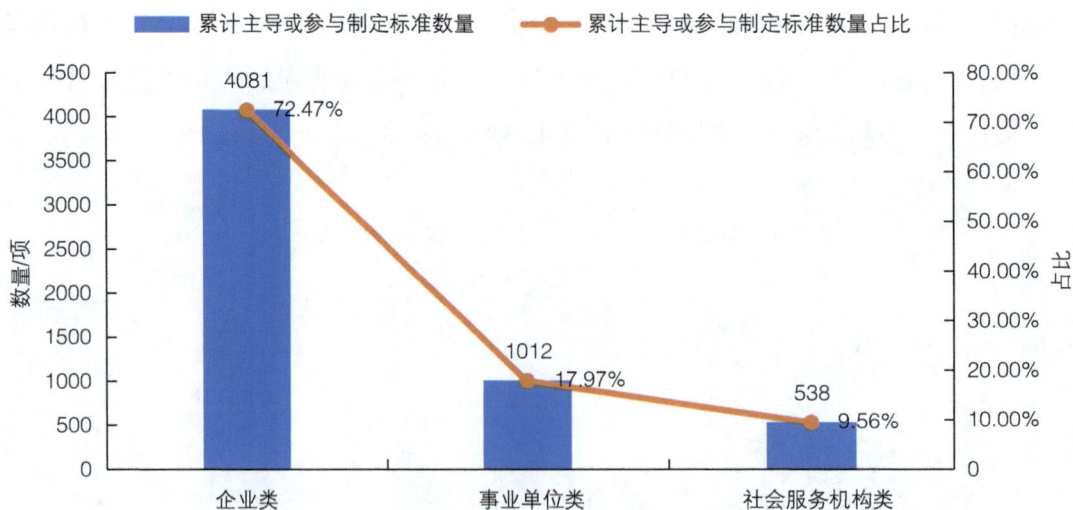

图2-25　3类新型研发机构累计主导或参与制定标准数量及占全国新型研发机构总量的比例

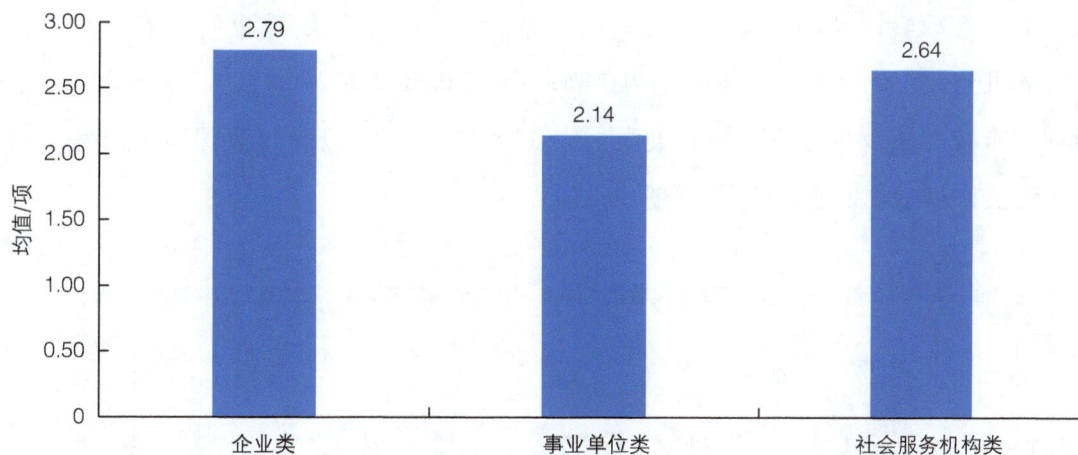

图2-26　3类新型研发机构累计主导或参与制定标准数量均值对比

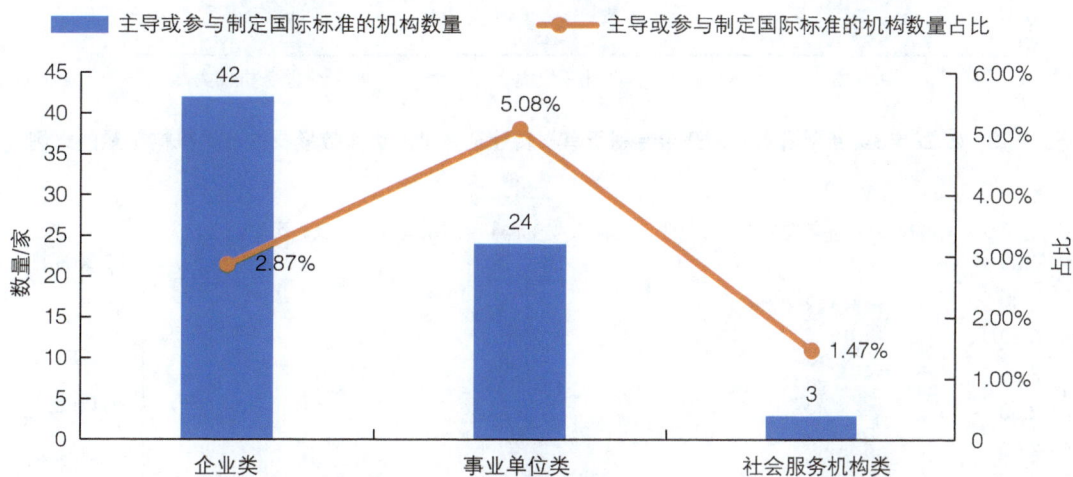

图2-27　3类新型研发机构中主导或参与制定国际标准的机构数量及占该类机构总量的比例

五、3种类型机构产业化活动对比分析

3种法人类型的新型研发机构在产业化活动方面均有积极表现。相对来说，企业类新型研发机构和事业单位类新型研发机构在产业化活动开展方面表现更为突出。

（一）成果转化较为活跃

3种类型新型研发机构普遍通过专利所有权转让及许可、技术作价入股等方式促进机构科技成果的转移转化。

从专利所有权转让及许可看，一是事业单位类新型研发机构 2020 年开展专利所有权转让及许可的机构数占该类机构总量的比例最高，为 12.08%（图 2-28）。二是企业类新型研发机构专利所有权转让及许可收入规模最大，为 3.98 亿元，占 2020 年我国新型研发机构专利所有权转让及许可总收入的 60.27%（图 2-29）。

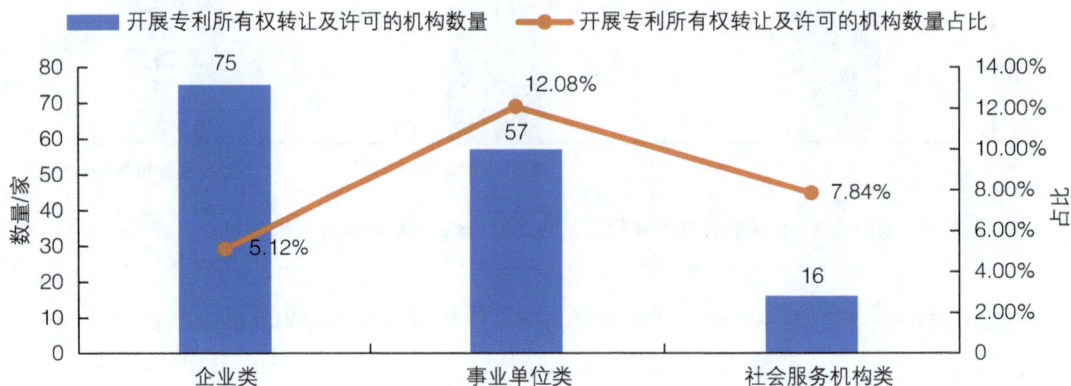

图2-28　2020年3类新型研发机构开展专利所有权转让及许可的机构数量及占该类机构总量的比例

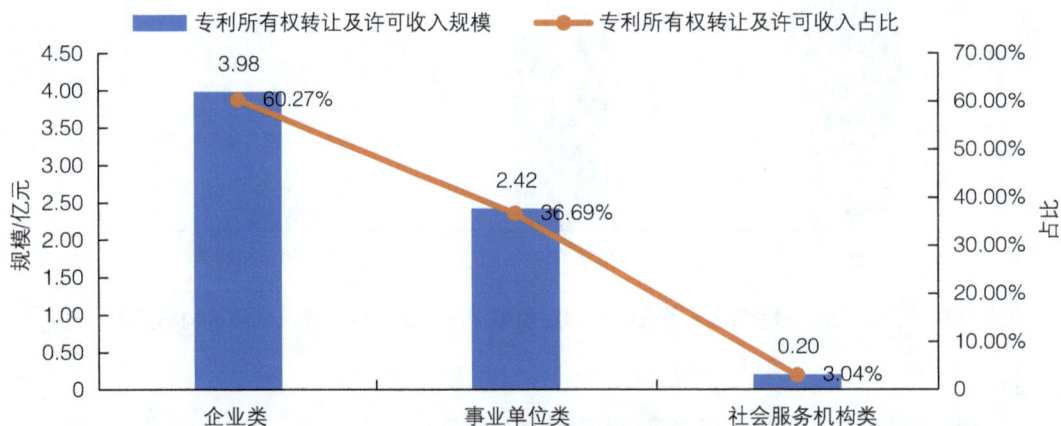

图2-29　2020年3类新型研发机构专利所有权转让及许可收入规模及占全国新型研发机构专利所有权转让及许可收入的比例

从技术作价入股看，事业单位类新型研发机构 2020 年开展技术作价入股的机构比例最高，占事业单位类新型研发机构总量的 13.77%（图 2-30）。

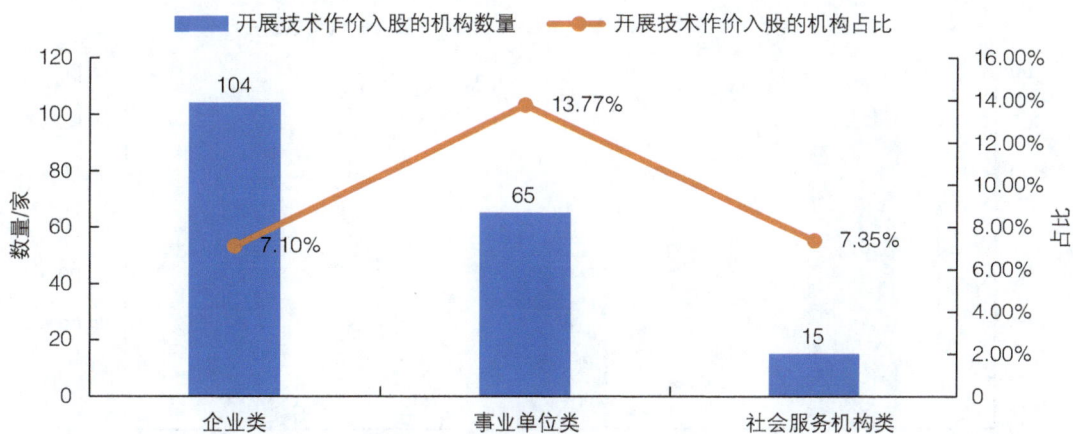

图2-30　2020年3类新型研发机构开展技术作价入股的机构数量及占该类机构总量的比例

从拥有的发明专利被实施情况看，企业类新型研发机构已被实施发明专利占其拥有发明专利总量的比例最高，达到 **58.89%**（图 2-31）。

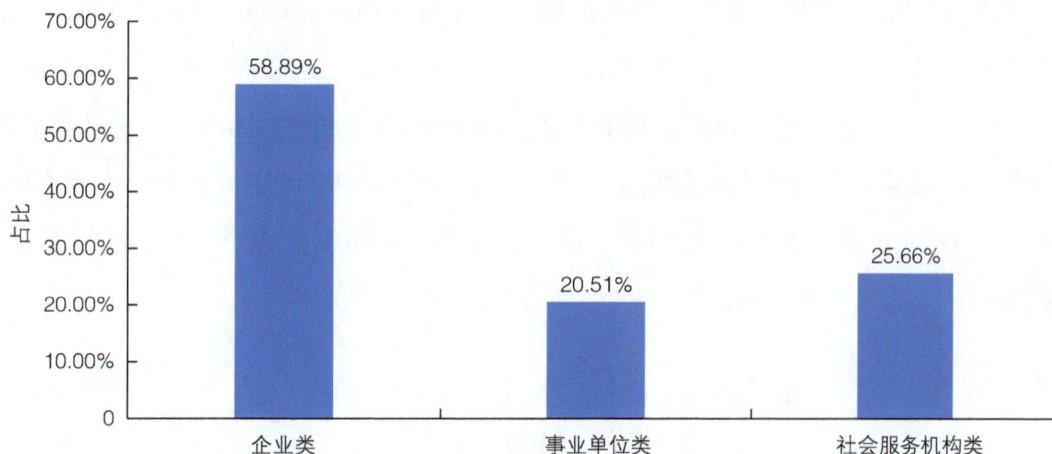

图2-31　3类新型研发机构已被实施发明专利占该类机构拥有发明专利总量的比例

（二）孵化服务活动差异较大

3 种类型的新型研发机构在近年来均主动尝试开展孵化服务业务，以强化机构融通科技与产业的功能作用。

从开展孵化服务的机构数量看，事业单位类新型研发机构开展孵化服务的机构数量占该类机构总量的比例最高，达到 **67.16%**，高于社会服务机构类新型研发机构（**53.92%**）和企业类新型研发机构（**43.24%**）（图 2-32）。

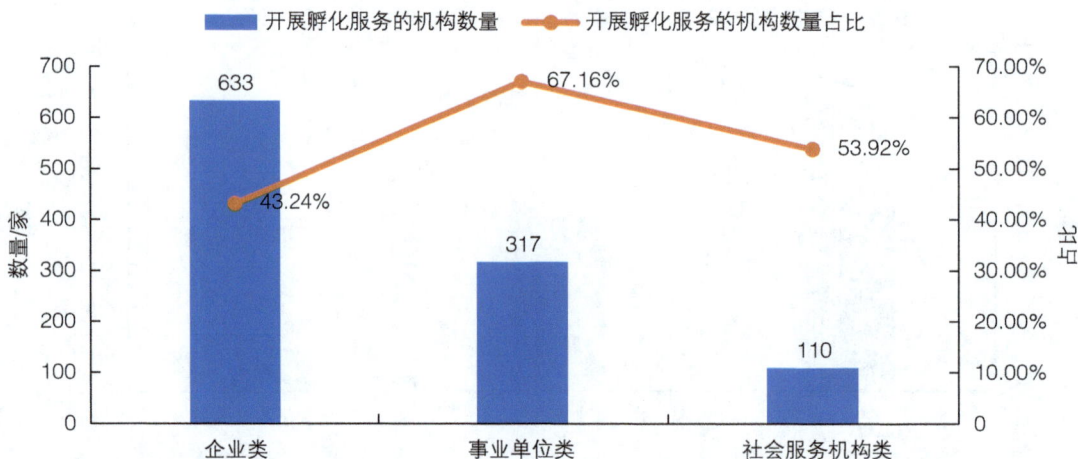

图2-32　3类新型研发机构开展孵化服务的机构数量及占该类机构总量的比例

从孵化企业情况看，一是事业单位类新型研发机构累计孵化企业数量最多，达到11 379家，占我国新型研发机构累计孵化企业数的57.01%，高于企业类新型研发机构（7362家，占比36.89%）和社会服务机构类新型研发机构（1217家，占比6.10%）（图2-33）。二是开展了孵化服务的事业单位类新型研发机构累计孵化企业均值达到35.90家，高于企业类新型研发机构（11.63家）和社会服务机构类新型研发机构（11.06家）（图2-34）。三是事业单位类新型研发机构累计孵化的优质企业数量最多，累计孵化的企业中有国家高新技术企业1291家，科技型中小企业2457家，上市企业80家，高于企业类新型研发机构（825家、1850家和17家）和社会服务机构类新型研发机构（138家、315家和4家）（图2-35）。

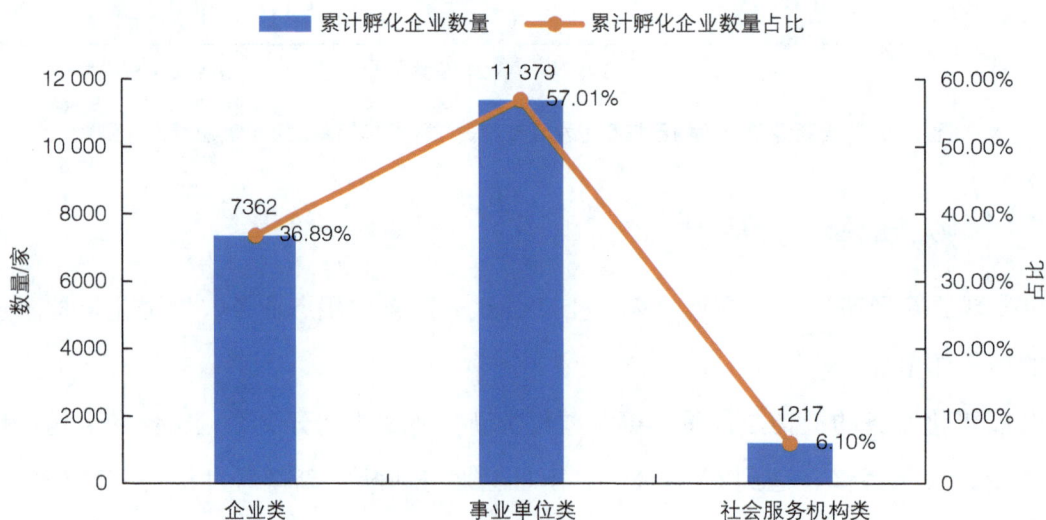

图2-33　3类新型研发机构累计孵化企业数量及占全国新型研发机构累计孵化企业总量的比例

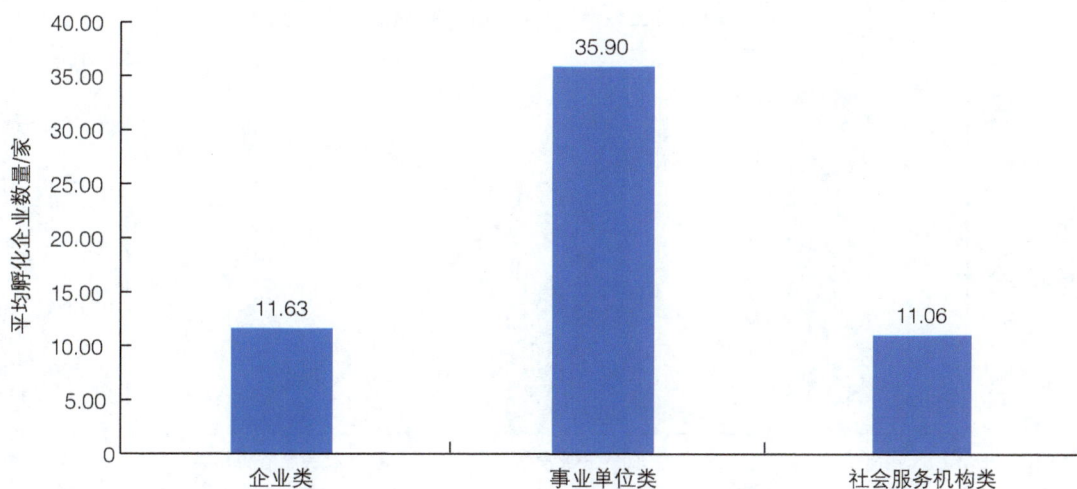

图2-34　3类新型研发机构累计孵化企业均值对比

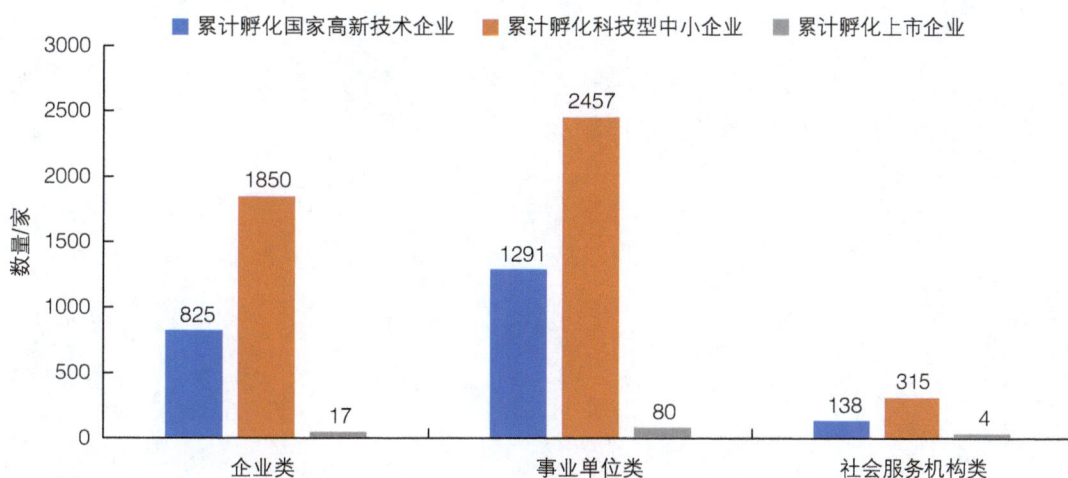

图2-35　3类新型研发机构累计孵化的3类优质企业数量对比

（三）积极服务企业转型升级

不同法人类型新型研发机构都在为企业提供研发服务方面开展了工作，具体来看，企业类和事业单位类新型研发机构服务企业的规模较大。

企业类新型研发机构2020年服务企业的数量最多，达到65 066家，占我国新型研发机构年度服务企业总量的54.68%，其次是事业单位类新型研发机构，2020年服务企业47 856家，占我国新型研发机构年度服务企业总量的40.21%（图2-36）。

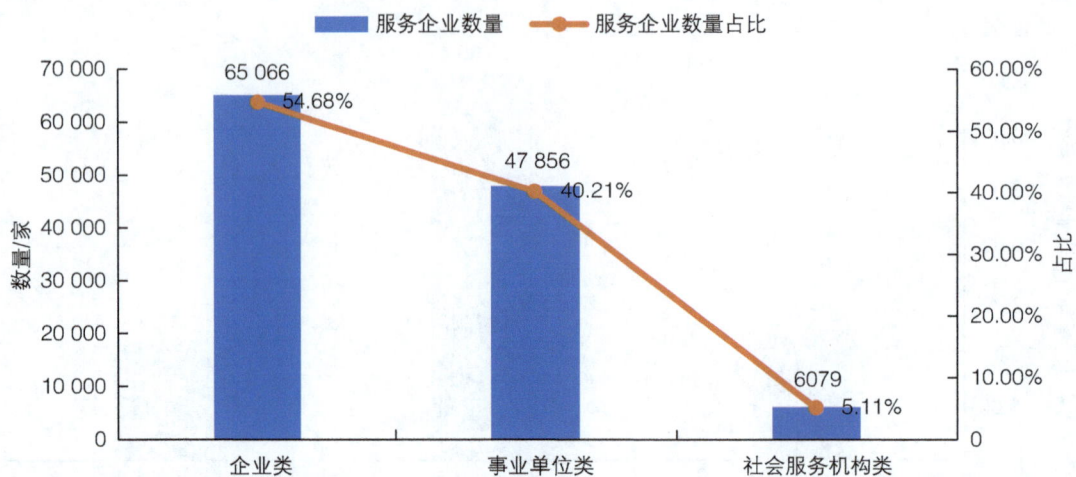

图2-36　2020年3类新型研发机构服务企业数量及占全国新型研发机构服务企业总量的比例

第三章　新型研发机构区域分布专题分析

截至 2020 年年底，我国东部地区新型研发机构为 1285 家，中部地区新型研发机构为 529 家，西部地区新型研发机构为 264 家，东北地区新型研发机构为 62 家，分别占全国新型研发机构总量的 60.05%、24.72%、12.34% 和 2.90%。不同区域新型研发机构呈现出差异化的发展状态。

一、四大区域机构投入主体与类型对比分析

从四大区域视角来看，不同区域新型研发机构在投入主体和机构法人类型结构较为接近，在产业领域分布上则具有较强的区域差异性。

（一）均以企业机构为第一大投入主体

从投入主体类型来看，四大区域均以企业为第一大投入主体。相对来看，东北和西部地区企业主体参与区域新型研发机构建设的比例更高，区域新型研发机构中分别有 69.35% 和 64.77% 的机构有企业进行了建设投入。而东部地区相对均衡，企业投入建设的新型研发机构占区域机构总量的 48.33%，地方政府投入建设的新型研发机构占区域机构总量的 23.27%，高校或科研院所投入建设的新型研发机构占区域机构总量的 19.77%（图 3-1）。

从投入主体的多元化程度来看，四大区域新型研发机构差距不大。东部地区的 1285 家新型研发机构中，有 48.43% 的机构涉及两类及以上投入主体，高于中部地区（43.96%）、西部地区（41.95%）和东北地区（41.82%）（图 3-2）。

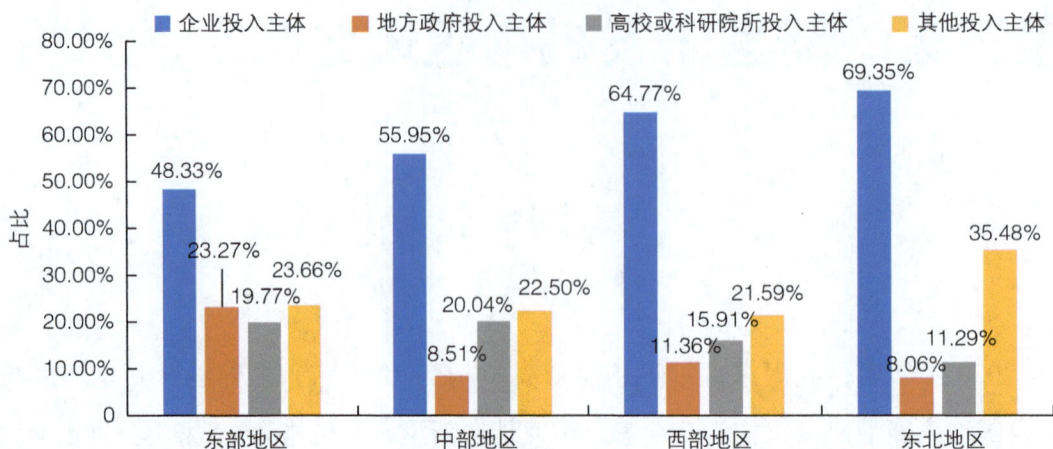

图3-1　各类主体投入建设的新型研发机构数占该区域机构总量的比例

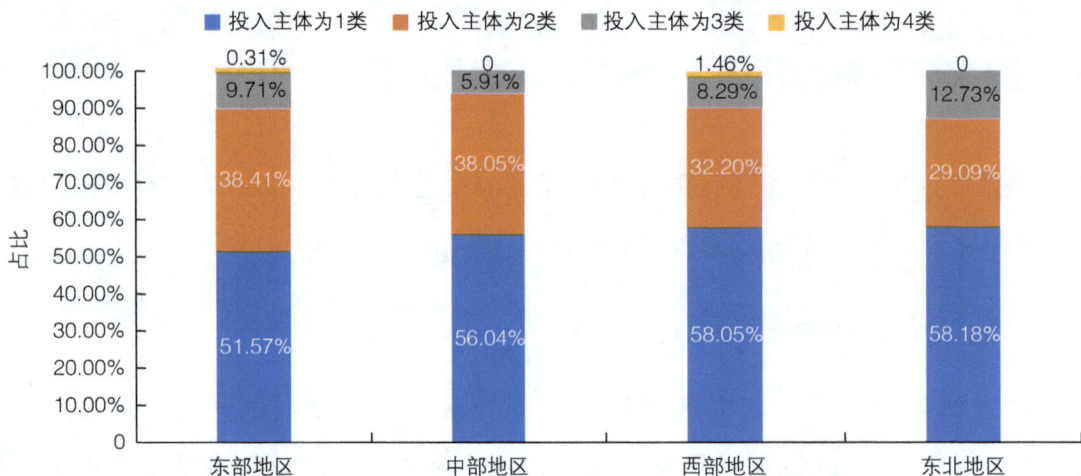

图3-2　四大区域新型研发机构投入主体类型构成情况

（二）均以企业类新型研发机构为主

四大区域新型研发机构均以企业类新型研发机构为主，但相较而言，东部地区的新型研发机构类型较为均衡，3种法人类型的新型研发机构占比分别为企业类58.52%、事业单位类30.12%、社会服务机构类11.36%；东北地区和中部地区新型研发机构类型最为集中，企业类新型研发机构占比分别为88.71%和87.14%；而西部地区社会服务机构类新型研发机构的占比则为4个地区中比例最大者，为15.91%，高于东部地区的11.36%、中部地区的2.84%和东北地区的1.61%（图3-3）。

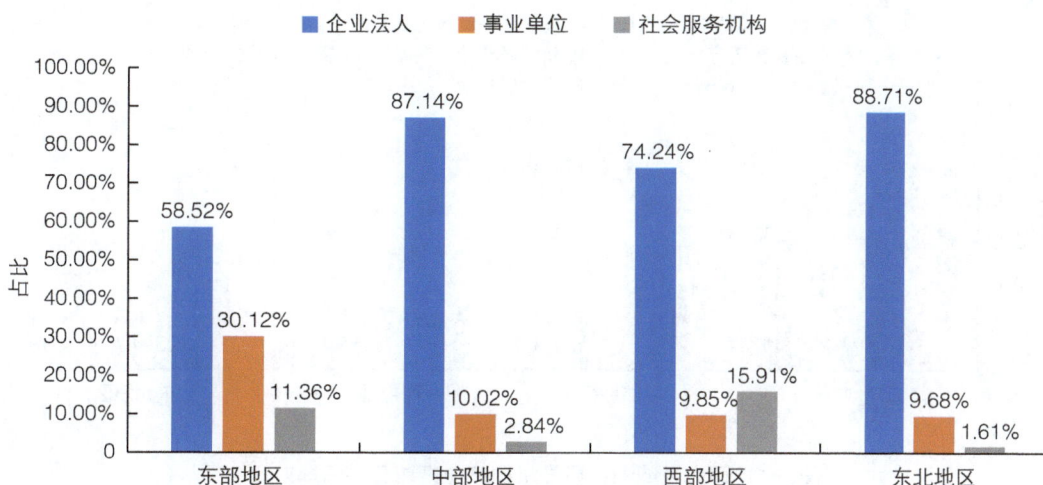

图3-3　四大区域新型研发机构法人类型构成情况对比

（三）产业领域分布各有侧重

从产业领域来看，四大区域新型研发机构具有差异性，体现了新型研发机构与区域产业之间的关联性。

东部地区新型研发机构以新一代信息技术产业领域为主，涉及机构 500 家，占东部地区新型研发机构总量的 38.91%；其次为高端装备制造产业和新材料产业领域，涉及机构分别为424 家（33.00%）和 400 家（31.13%）。

中部地区新型研发机构以新材料产业领域为主，涉及机构 176 家，占中部地区新型研发机构总量的 33.27%；其后为高端装备制造产业和生物医药产业领域，涉及机构分别为 151 家（28.54%）和 133 家（25.14%）。

西部地区新型研发机构以相关服务业领域为主，涉及机构 85 家，占西部地区新型研发机构总量的 32.20%；其后为新一代信息技术产业和新材料产业领域，涉及机构分别为 70 家（26.52%）和 69 家（26.14%）。

东北地区新型研发机构以新一代信息技术产业领域为主，涉及机构 24 家，占东北地区新型研发机构总量的 38.71%；其后为高端装备制造产业和新材料产业领域，涉及机构均为23 家（37.10%），如图 3-4 所示。

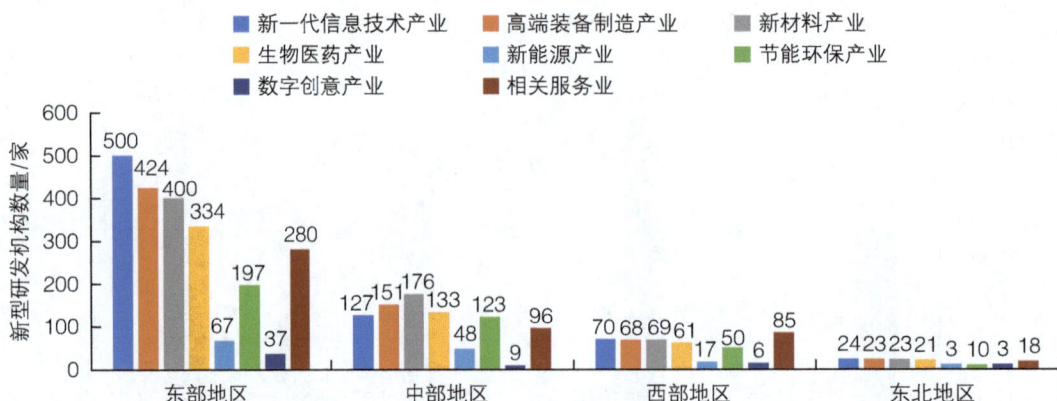

图3-4　四大区域新型研发机构产业领域分布情况对比

（四）业务领域较为集中

从业务领域来看，四大区域新型研发机构均集中开展科技成果转化研究和产业技术研发活动。其中，东部地区新型研发机构开展科技成果转化研究和产业技术研发业务的机构数分别为1129家和1033家，占东部地区机构总量的比例分别为87.86%和80.39%；中部地区新型研发机构开展科技成果转化研究和产业技术研发业务的机构数分别为475家和435家，占中部地区机构总量的比例分别为89.79%和82.23%；西部地区新型研发机构开展科技成果转化研究和产业技术研发业务的机构数分别为233家和203家，占西部地区机构总量的比例分别为88.26%和76.89%；东北地区新型研发机构开展科技成果转化研究和产业技术研发业务的机构数分别为60家和53家，占东北地区机构总量的比例分别为96.77%和85.48%。

另外，从开展基础研究活动的新型研发机构数量来看，东部地区新型研发机构开展基础研究的数量最多，达到494家，高于中部地区（195家）、西部地区（124家）和东北地区（25家），如图3-5所示。

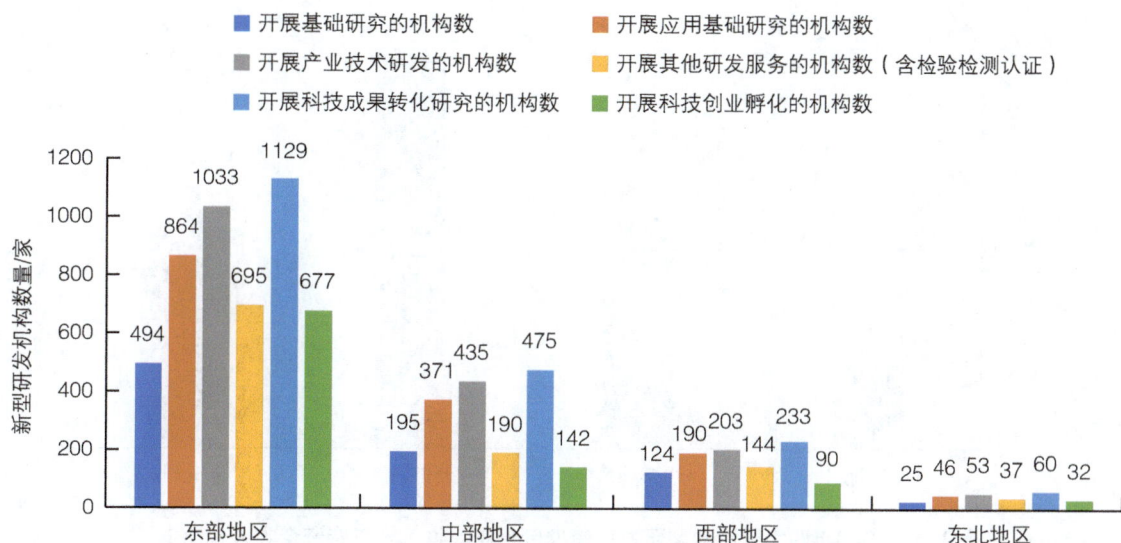

图例：
- 开展基础研究的机构数
- 开展应用基础研究的机构数
- 开展产业技术研发的机构数
- 开展其他研发服务的机构数（含检验检测认证）
- 开展科技成果转化研究的机构数
- 开展科技创业孵化的机构数

图3-5　四大区域新型研发机构业务领域分布情况

二、四大区域机构经营发展情况对比分析

四大区域新型研发机构在经营发展方面的差异主要体现在收入水平及人员支撑条件方面。总体来看，东部和中部地区新型研发机构表现较好。

（一）营收情况差距大

从收入结构来看，东部地区收入结构最为均衡。2020年东部地区新型研发机构总收入中，来自企业的收入与政府资金收入比值为1.28，中部地区、西部地区和东北地区分别为3.70、5.77和3.34（图3-6），这种收入结构有利于机构在竞争前技术和竞争后技术研发之间的平衡。同时，东部地区新型研发机构科研项目收入占该区域新型研发机构总收入的比例最高，达到30.68%（251.07亿元），高于东北地区的24.86%（1.75亿元）、中部地区的21.09%（187.00亿元）和西部地区的12.74%（27.16亿元）；东部地区新型研发机构平均技术性收入[①]最高，达到2424.37万元，高于西部地区（2245.35万元）、中部地区（1743.40万元）和东北地区（511.90万元），如图3-7所示。说明东部地区新型研发机构更多的是通过研发活动获得收益，凸显了机构以研发为主业的属性特征。

[①]　技术性收入是指在报告期内机构技术转让、技术开发、技术咨询与服务、技术入股、中试产品取得的收入及接受外单位委托的科研收入等。付费对象包含企事业单位、政府等各类机构。

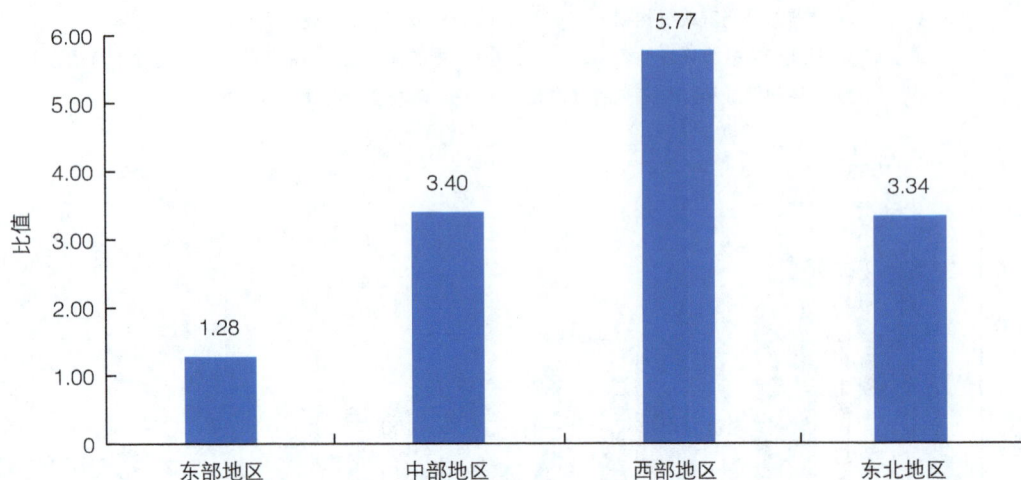

图3-6　2020年四大区域新型研发机构来自企业的收入与政府资金收入的比值

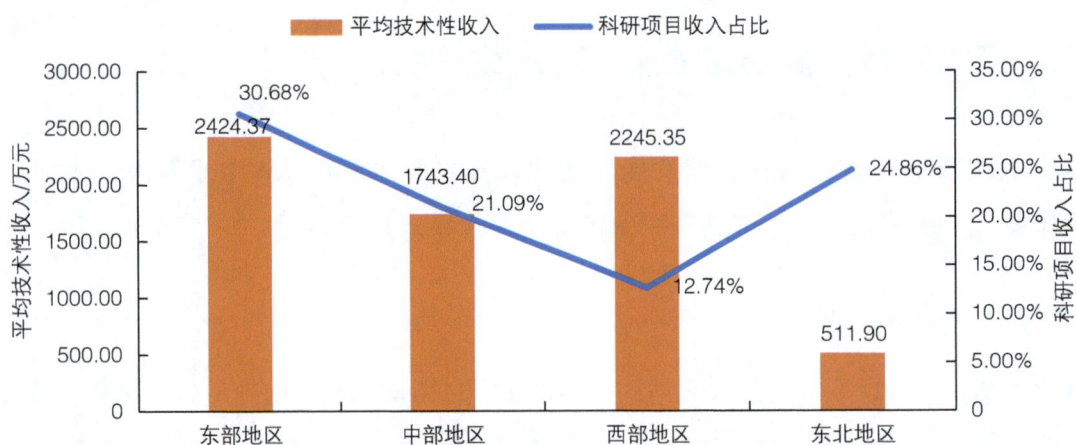

图3-7　2020年四大区域新型研发机构科研项目收入占区域机构总收入的比例和平均技术性收入

　　就总收入规模来看，中部地区和东部地区总收入情况显著优于西部地区和东北地区。2020年中部地区新型研发机构总收入达到886.70亿元，占我国新型研发机构总收入的46.05%，东部地区新型研发机构总收入为818.38亿元，占我国新型研发机构总收入的42.51%，高于西部地区（213.20亿元，占比为11.07%）和东北地区（7.05亿元，占比为0.37%），如图3-8所示。且2020年中部地区新型研发机构平均总收入达到16 761.86万元，高于西部地区（8075.88万元）、东部地区（6368.73万元）和东北地区（1136.79万元），如图3-9所示。

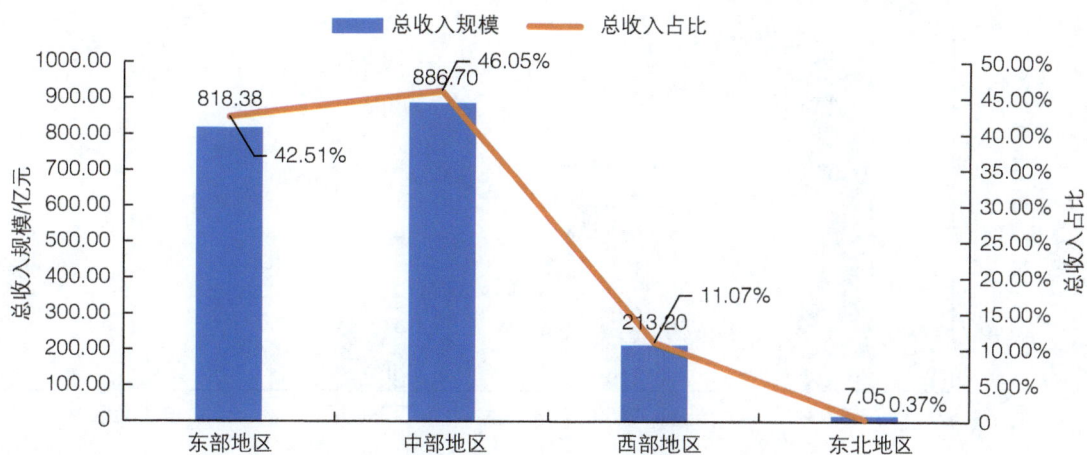

图3-8　2020年四大区域新型研发机构总收入情况对比

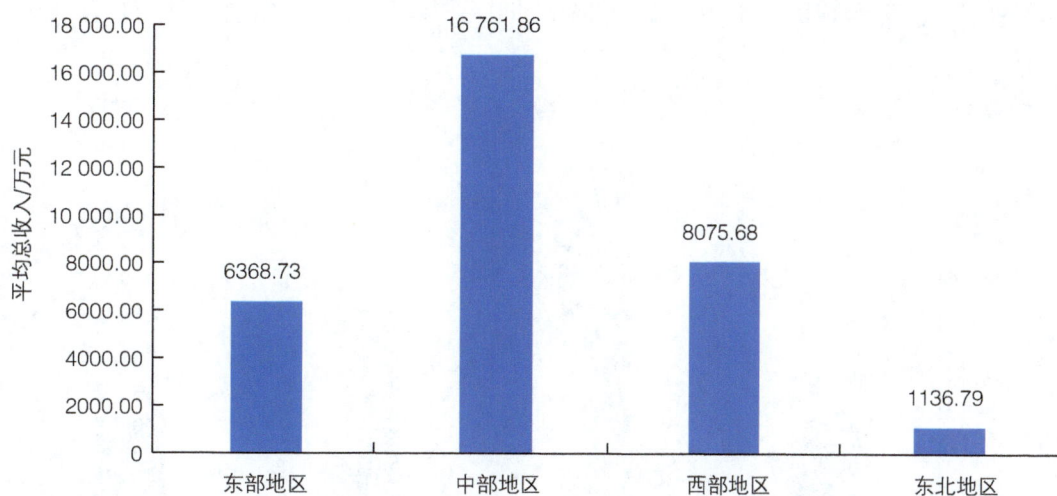

图3-9　2020年四大区域新型研发机构平均总收入情况对比

（二）人员队伍规模与结构存在差异

就机构从业人员总量来看，基于东部地区具有显著优势的新型研发机构数量，其机构的从业人员规模最大，达到10.79万人，占我国新型研发机构从业人员总量的51.95%，高于中部地区（7.37万人，占比为35.47%）、西部地区（2.32万人，占比为11.16%）和东北地区（2958人，占比为1.42%），如图3-10所示。

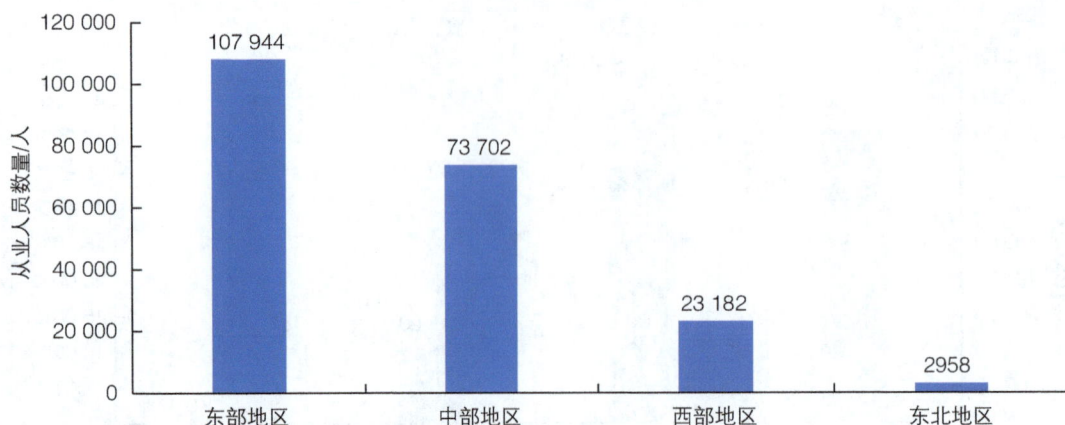

图3-10 四大区域新型研发机构从业人员数量对比

就机构从业人员均值来看，中部地区新型研发机构平均从业人员为139.32人，高于西部地区（87.81人）、东部地区（84.00人）和东北地区（47.71人），如图3-11所示。

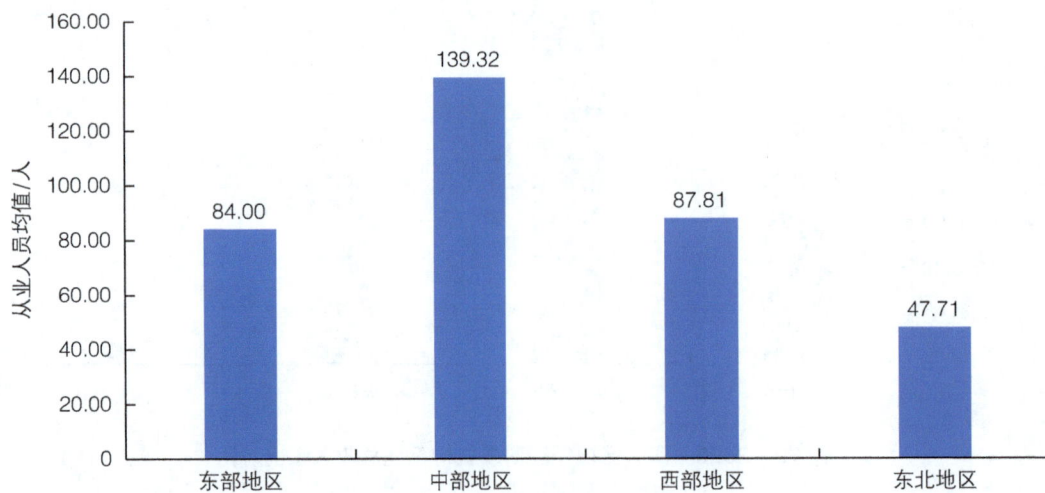

图3-11 四大区域新型研发机构从业人员均值对比

就研发人员情况来看，东部地区新型研发机构研发人员占从业人员的比例达到72.38%，西部地区机构研发人员占比达到75.19%，东北地区和中部地区机构研发人员占比分别为71.60%和48.21%（图3-12）。同时，东部地区新型研发机构研发人员队伍质量较高。东部地区新型研发机构研发人员中具有研究生学历（位）的人员占比达到52.72%，高于东北地区（50.94%）、西部地区（45.07%）和中部地区（28.87%），如图3-13所示；东部地区新型研发机构研发人员中的留学归国人员和外籍常驻人员占比达到7.84%，高于东北地区（5.05%）、西部地区（3.58%）和中部地区（2.41%），如图3-14所示。

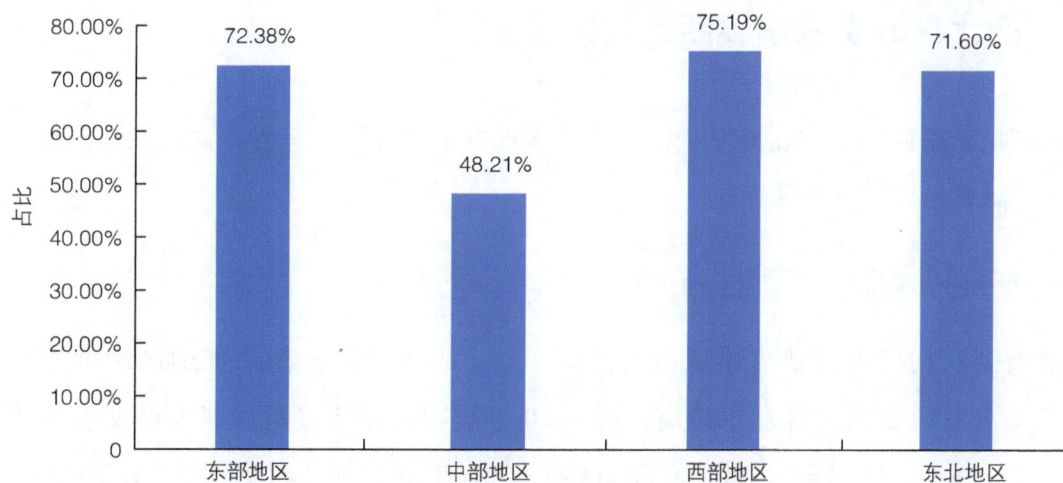

图3-12　四大区域新型研发机构研发人员占从业人员的比例

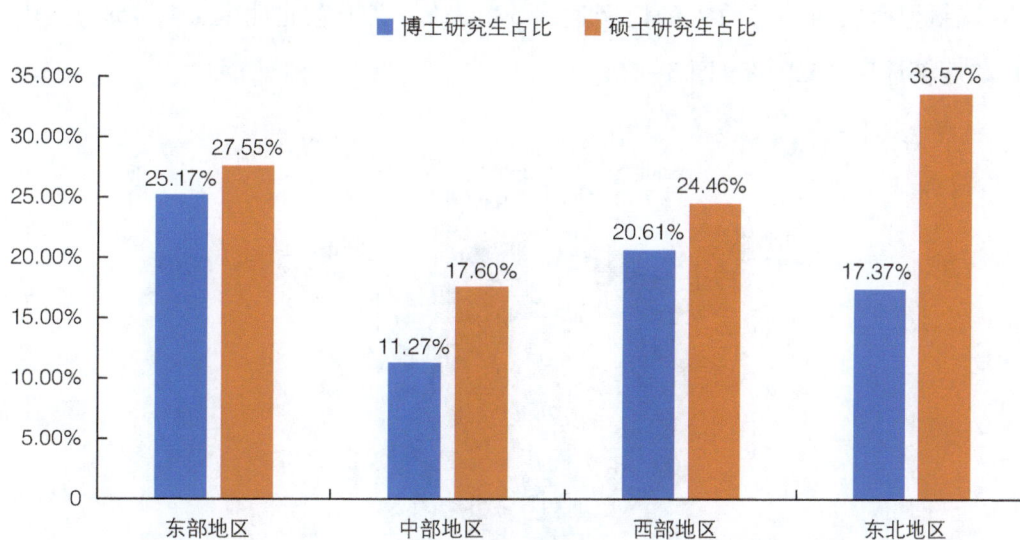

博士研究生占比　硕士研究生占比

图3-13　四大区域新型研发机构研发人员中博士研究生和硕士研究生学历人员占比情况

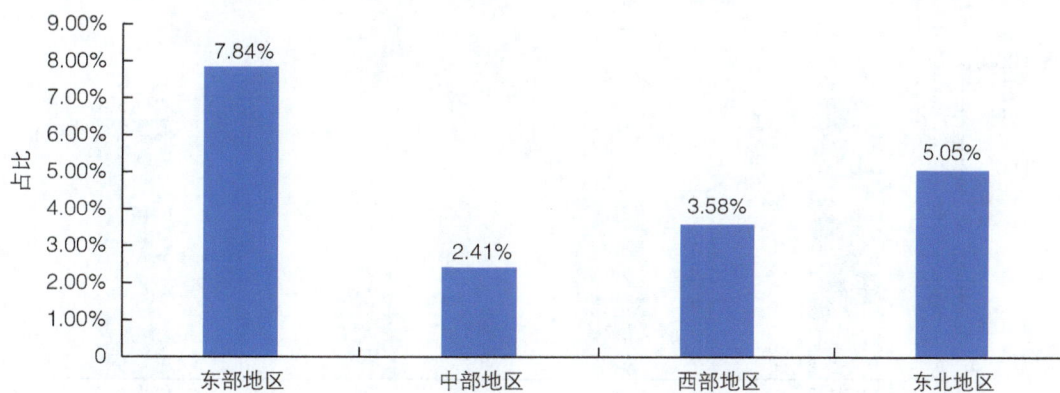

图3-14　四大区域新型研发机构研发人员中留学归国和外籍常驻人员占比情况

三、四大区域机构研发活动对比分析

四大区域新型研发机构在研发条件及绩效表现方面存在显著差异。对比其他区域，东部地区的新型研发机构整体表现优异。

（一）研发投入规模与强度各不同

东部地区机构研发经费支出规模大、强度高。2020年，我国东部地区新型研发机构研发经费支出总额在四大区域中最高，占2020年我国新型研发机构研发经费支出总额的57.11%，高于中部地区的37.72%、西部地区的4.70%和东北地区的0.47%（图3-15）。且东部地区新型研发机构在研发经费投入强度上表现突出，2020年东部地区新型研发机构研发经费支出占区域新型研发机构总收入的比例达到53.43%，高于东北地区（49.45%）、中部地区（34.35%）和西部地区17.21%（图3-16）。

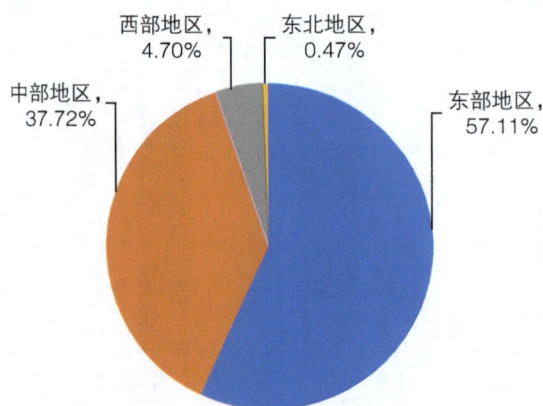

图3-15 2020年我国新型研发机构研发经费支出的区域构成情况

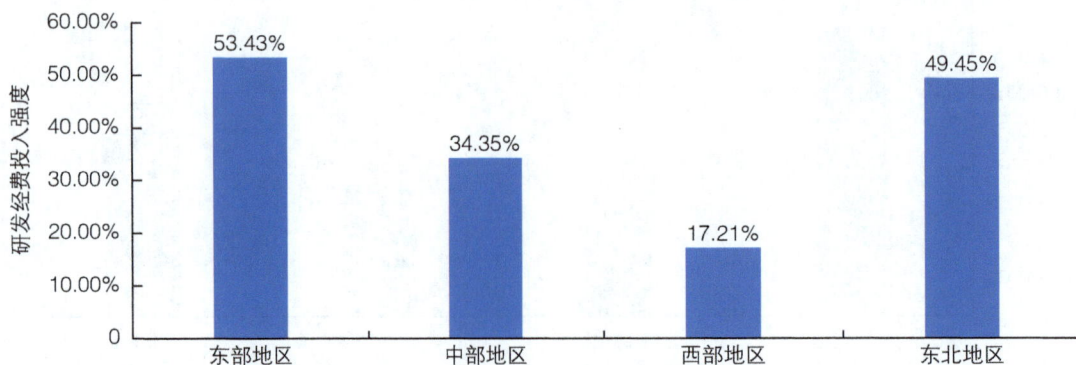

图3-16 2020年四大区域新型研发机构研发经费投入强度对比

（二）承担科研任务情况有差异

就承担的科研项目数量来看，东部地区新型研发机构在项目总量和均值方面均优于其他地区。一是东部地区新型研发机构承担项目总量最多，占2020年新型研发机构承担科研项目总量的73.74%，其次为中部地区，占比为15.88%（图3-17）。二是东部地区新型研发机构承担科研项目均值最大，为19.81项，高于东北地区（11.29项）、西部地区（10.92项）和中部地区（10.37项），如图3-18所示。

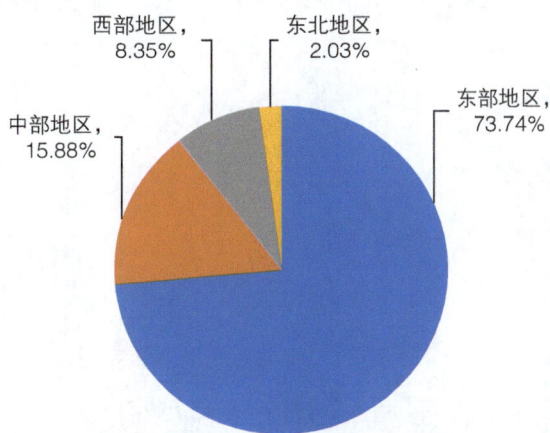

图3-17　2020年我国新型研发机构承担科研项目数的区域分布情况

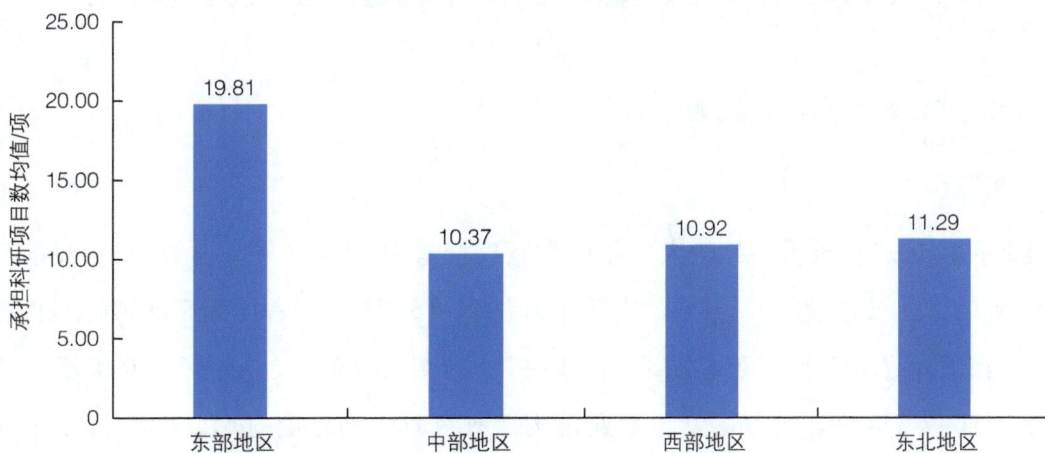

图3-18　2020年四大区域新型研发机构承担科研项目数均值对比

就承担科研项目的层级来看，东部地区新型研发机构承担国家级科研项目均值最高，达到2.74项，大幅高于西部地区的0.72项、中部地区的0.59项和东北地区的0.52项。西部地区和东部地区新型研发机构承担省部级科研项目均值分别为 2.81 项和 2.62 项，高于东北地区的 1.74 项和中部地区的 1.29 项。

就科研项目的来源来看，东部地区承担来自政府和企业的科研项目数量较为均衡。东部地区新型研发机构承担的来自政府的科研项目数均值为 8.55 项，来自企业的科研项目数均值为 8.53 项，西部地区、中部地区和东北地区分别为 4.50 项和 6.09 项、2.58 项和 9.22 项、2.50 项和 7.84 项（图 3-19）。

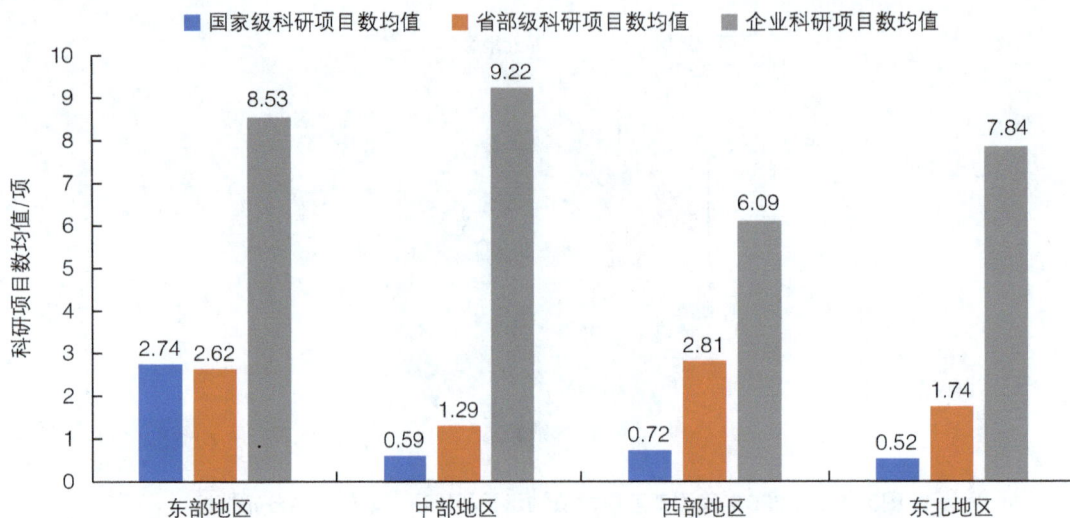

图3-19 2020年四大区域新型研发机构承担国家级、省部级、企业科研项目数均值对比

（三）科研成果产出差距显著

1. 专利产出

一是东部地区总量规模占比较大，年度专利授权量为 12 339 件，占 2020 年我国新型研发机构当年专利授权总量的 61.78%，高于中部地区（5772 件，占比为 28.90%）、西部地区（1542 件，占比为 7.72%）和东北地区（321 件，占比为 1.60%），如图 3-20 所示；期末拥有有效专利为 47 473 件，占我国新型研发机构拥有有效专利总量的 61.73%，高于中部地区（20 008 件，占比为 26.02%）、西部地区（8324 件，占比为 10.82%）和东北地区（1104 件，占比为 1.43%），如图 3-21 所示。

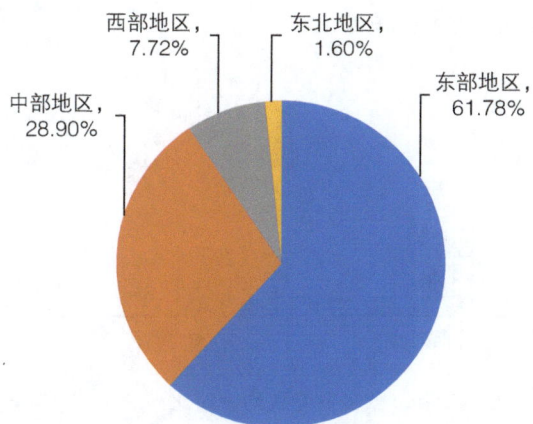

图3-20　2020年四大区域新型研发机构专利授权量占全国新型研发机构专利授权量情况

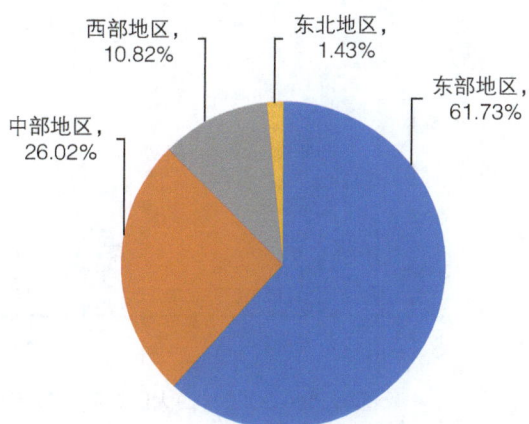

图3-21　四大区域新型研发机构拥有有效专利量占全国新型研发机构拥有有效专利量情况

二是东部地区和中部地区专利均值较高，中部地区和东部地区新型研发机构专利授权量均值分别为 10.91 件和 9.60 件，高于西部地区 5.84 件和东北地区 5.18 件；东部地区和中部地区期末拥有有效专利均值分别为 36.94 件和 37.82 件，高于西部地区 31.53 件和东北地区 17.81 件，如图 3-22 所示。

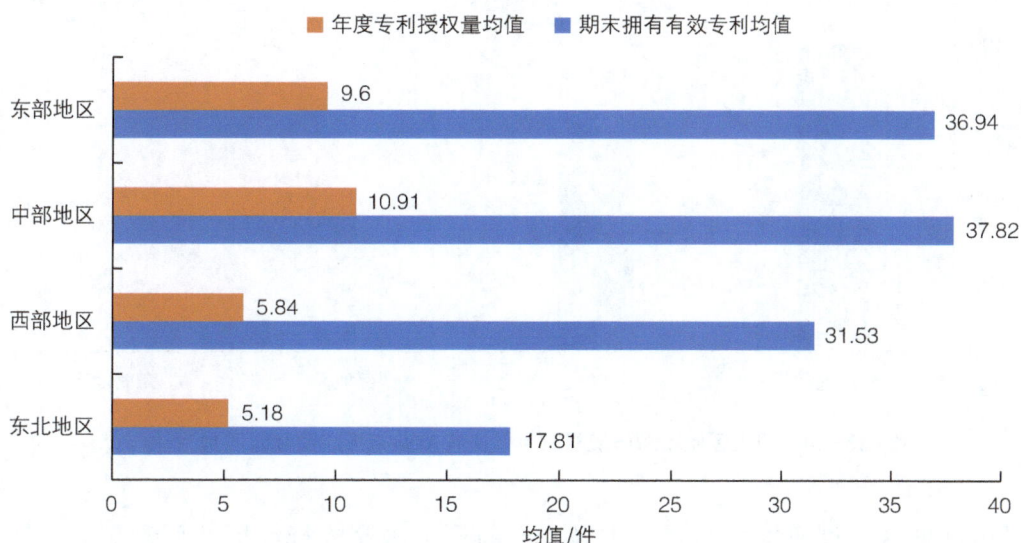

图3-22　四大区域新型研发机构期末拥有有效专利、2020年专利授权量均值对比

三是东部地区在发明专利和国际专利方面处于领先地位，2020 年东部地区新型研发机构授权发明专利均值为 4.63 件，授权欧美日专利均值为 0.14 件，优于中部、西部和东北地区（图 3-23）。

■ 授权发明专利均值 ■ 授权欧美日专利均值

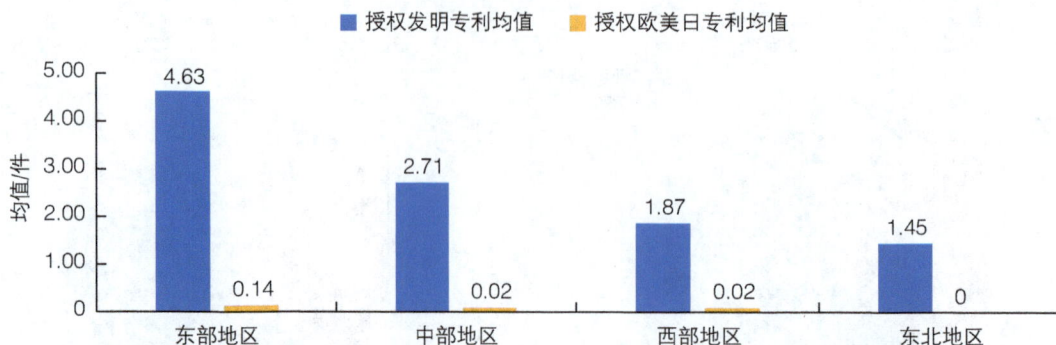

图3-23　2020年四大区域新型研发机构授权发明专利、欧美日专利均值对比

2.主导参与标准制定

从主导参与标准制定来看，一是东部地区新型研发机构累计主导或参与形成国际标准数量最多，达到100项，占我国新型研发机构累计主导或参与形成国际标准总量的55.56%，高于中部地区（72项，占比为40%）、西部地区（8项，占比为0.44%）和东北地区（0项），如图3-24所示。

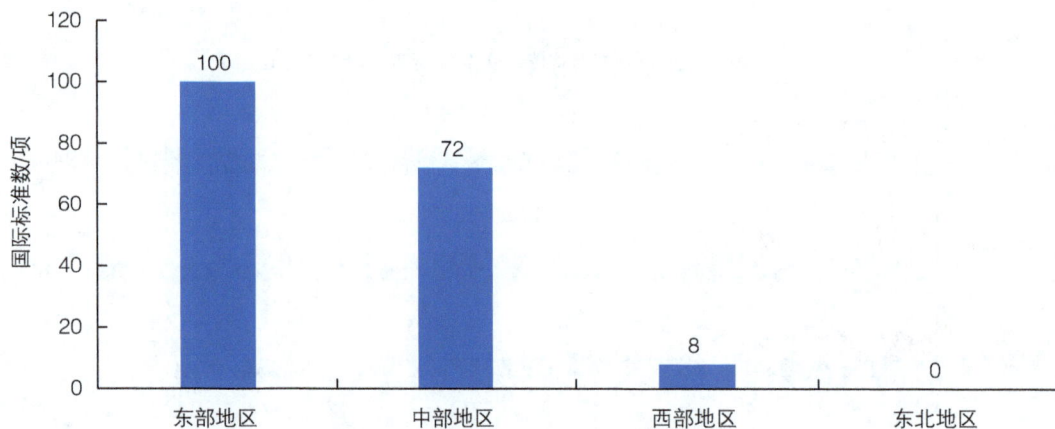

图3-24　四大区域新型研发机构累计主导或参与形成国际标准数对比

二是中部地区新型研发机构累计主导或参与形成国家或行业标准总量最高，达到2557项，占我国新型研发机构累计主导或参与形成国家或行业标准总量的46.91%，高于东部地区（2035项，占比为37.33%）、西部地区（771项，占比为14.14%）和东北地区（88项，占比为1.61%），如图3-25所示。

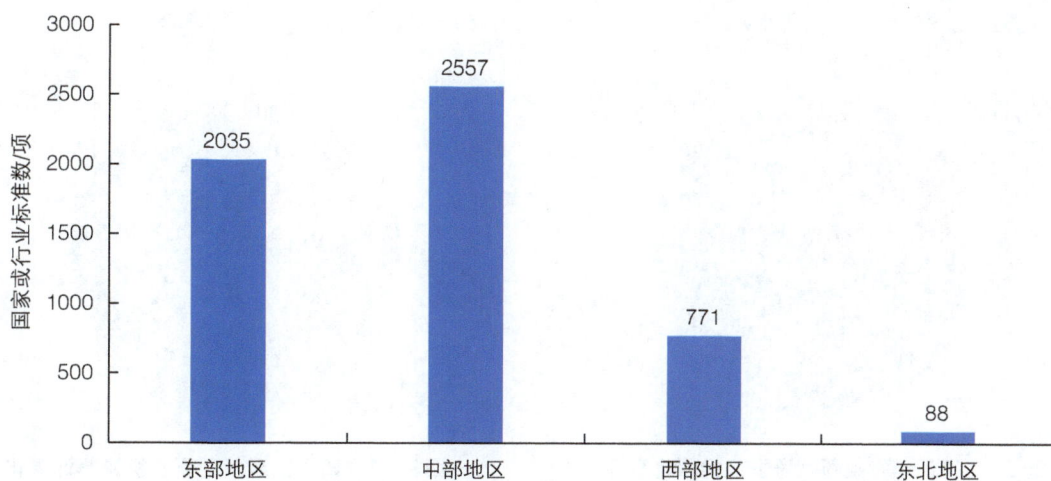

图3-25　四大区域新型研发机构累计主导或参与形成国家或行业标准数对比

四、四大区域机构产业化活动对比分析

四大区域新型研发机构在产业化活动开展方面表现各异，不同地区机构的重点研发领域和优势特色各不相同。东部地区和西部地区新型研发机构的产业化活动开展情况相对较好。

（一）孵化企业情况差距较大

从孵化企业数量来看，一是东部地区新型研发机构年度和累计孵化企业数量最多，2020年孵化服务企业数量为1939家，占全国总量的75.83%，高于中部地区（323家，占比为12.63%）、西部地区（169家，占比为6.61%）和东北地区（126家，占比为4.93%），如图3-26所示；累计孵化企业15 884家，占全国总量的79.59%，高于中部地区（2841家，占比为14.23%）、西部地区（721家，占比为3.61%）和东北地区（512家，占比为2.57%），如图3-27所示。二是东部地区新型研发机构累计孵化企业均值最高，就开展了孵化业务的机构来看，截至2020年年底，东部地区新型研发机构累计孵化企业数均值为20.87家，高于东北地区17.66家、中部地区15.44家和西部地区8.38家，如图3-28所示。

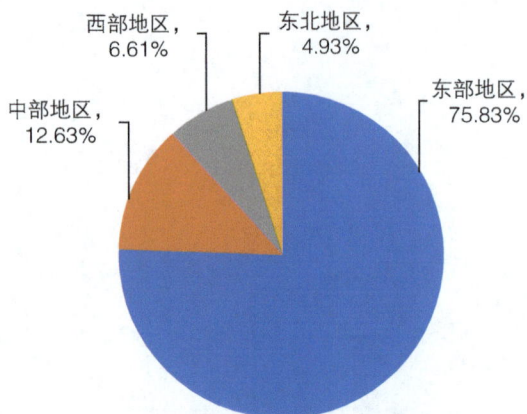

图3-26　2020年我国新型研发机构孵化企业数量的区域分布情况

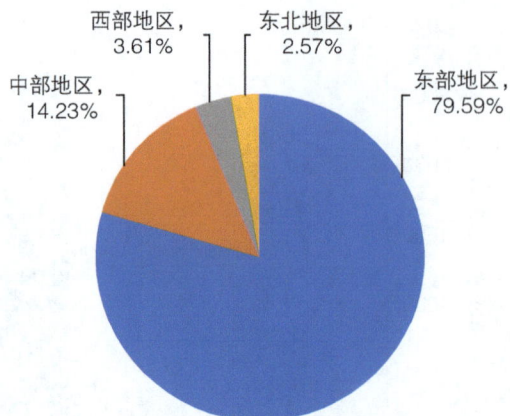

图3-27　四大区域新型研发机构累计孵化企业数量占全国总量的比例

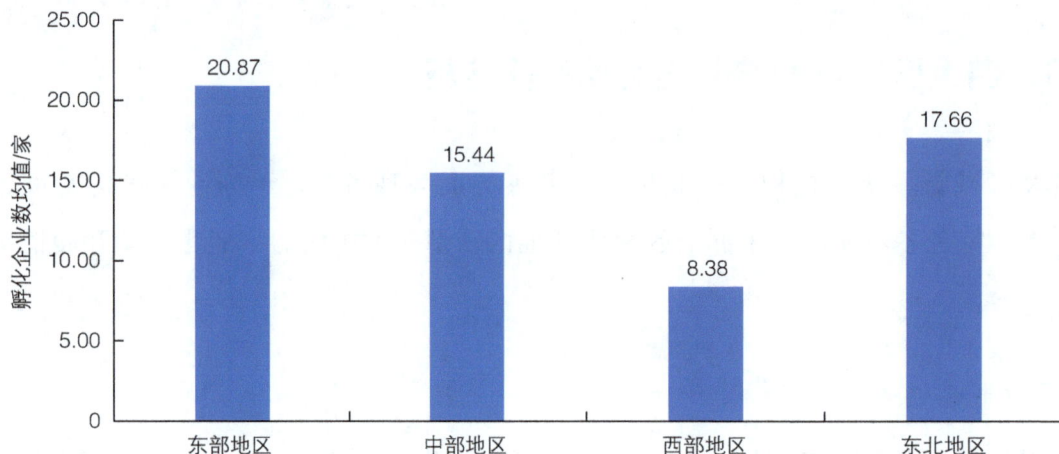

图3-28　四大区域新型研发机构累计孵化企业数均值对比

（二）服务企业情况整体良好

就服务企业情况来看，东部地区和西部地区新型研发机构服务企业数量较多。一是从服务企业总量看，东部地区新型研发机构年度服务企业数量最多，为83 307家，占2020年我国新型研发机构服务企业总量的70.01%，高于西部地区（17 337家，占比14.57%）、中部地区（16 928家，占比为14.22%）和东北地区（1429家，占比1.20%），如图3-29所示。二是从年度服务企业数均值看，2020年，西部地区服务企业数量均值最高，为136.51家，高于东部地区（95.87家）、中部地区（68.26家）和东北地区（31.76家），如图3-30所示。

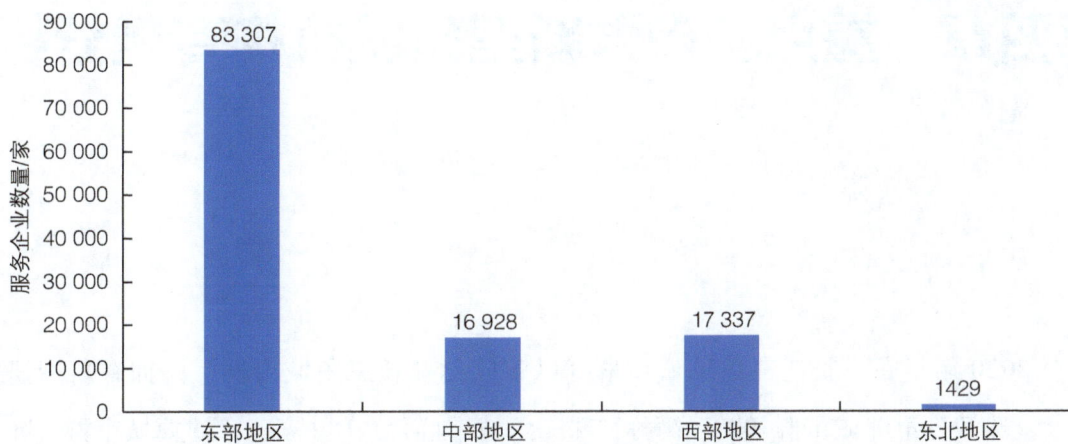

图3-29 2020年四大区域新型研发机构服务企业数量对比

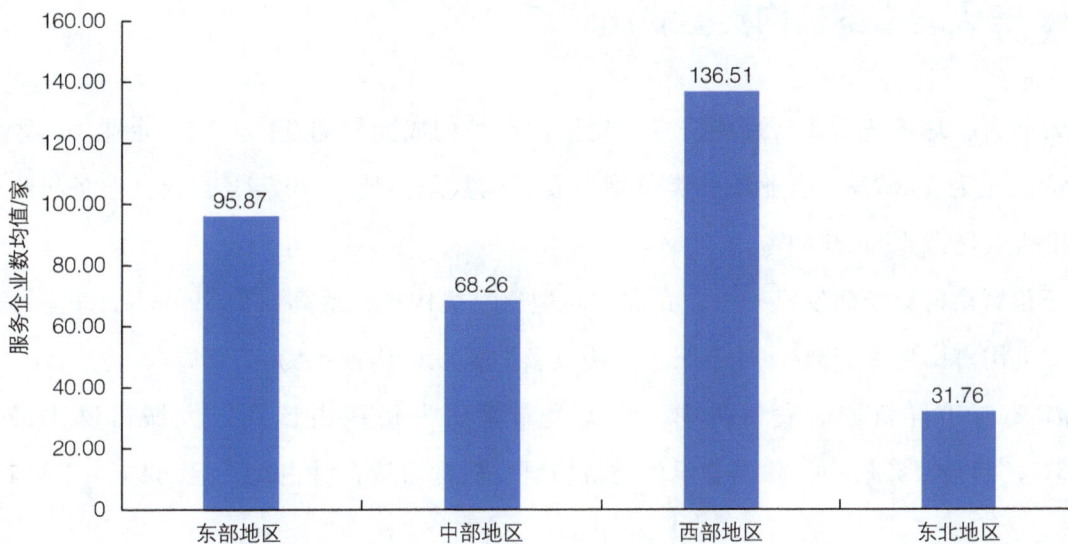

图3-30 2020年四大区域新型研发机构服务企业数均值对比

第四章　重点城市群新型研发机构专题分析

截至 2020 年年底，长江三角洲城市群（以下简称"长三角城市群"）拥有新型研发机构 543 家，珠江三角洲城市群（以下简称"珠三角城市群"）189 家，京津冀城市群 134 家，分别占全国新型研发机构总量的 25.37%、8.83% 和 6.26%。

一、三大城市群机构类型对比分析

相较而言，珠三角城市群新型研发机构法人类型构成比较均衡。其中，企业类新型研发机构数量占比为 38.62%，事业单位类新型研发机构数量占比为 40.74%，社会服务机构类新型研发机构数量占比为 20.64%。

长三角城市群新型研发机构中，企业类新型研发机构占比最高，为 59.48%，事业单位类新型研发机构占比为 35.73%，社会服务机构类新型研发机构占比为 4.79%。

京津冀城市群新型研发机构中，企业类新型研发机构占比在三大城市群中最高，为 73.13%，社会服务机构类和事业单位类新型研发机构数量合计占比不足 30%（图 4-1）。

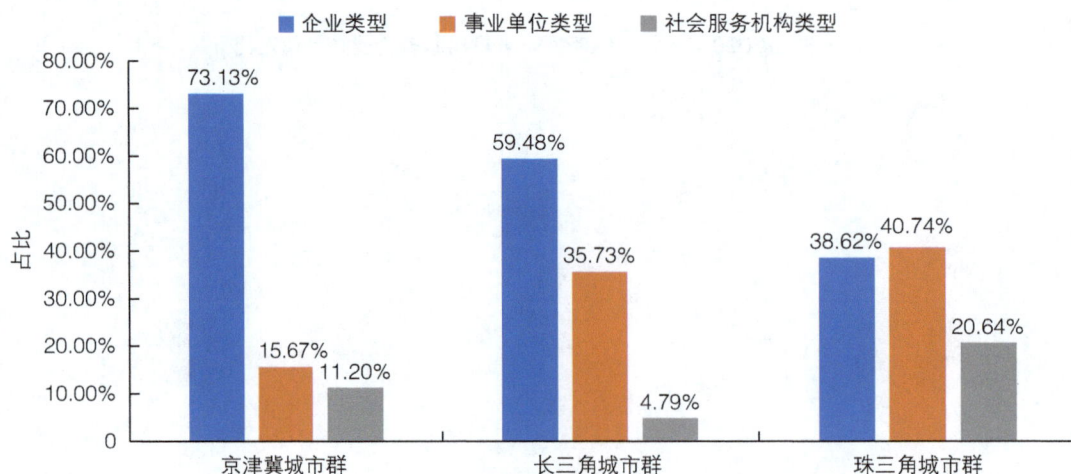

图4-1　重点城市群新型研发机构法人类型对比

二、三大城市群机构产业领域分布对比分析

总体来看，三大城市群的新型研发机构产业领域均集中于新一代信息技术、高端装备制造、新材料、生物医药等，但具体的结构比例差异较大。

京津冀城市群新型研发机构在不同产业领域间分布相对均衡。其中，涉及生物医药产业领域的最多，为45家，占该城市群新型研发机构总量的33.58%；其后为新材料、新一代信息技术和高端装备制造产业领域，分别为36家（26.87%）、35家（25.93%）和34家（25.37%）。

长三角城市群新型研发机构涉及的产业领域以新一代信息技术产业为主，有253家，占该城市群新型研发机构总量的46.59%；其后为高端装备制造产业和新材料产业，分别为207家（38.12%）和172家（31.68%）。

珠三角城市群新型研发机构涉及新一代信息技术产业的机构数量最多，为97家，占该城市群新型研发机构总量的51.32%；其后为新材料产业、高端装备制造和生物医药产业领域，分别为62家（32.80%）、60家（31.75%）和56家（29.63%），如图4-2所示。

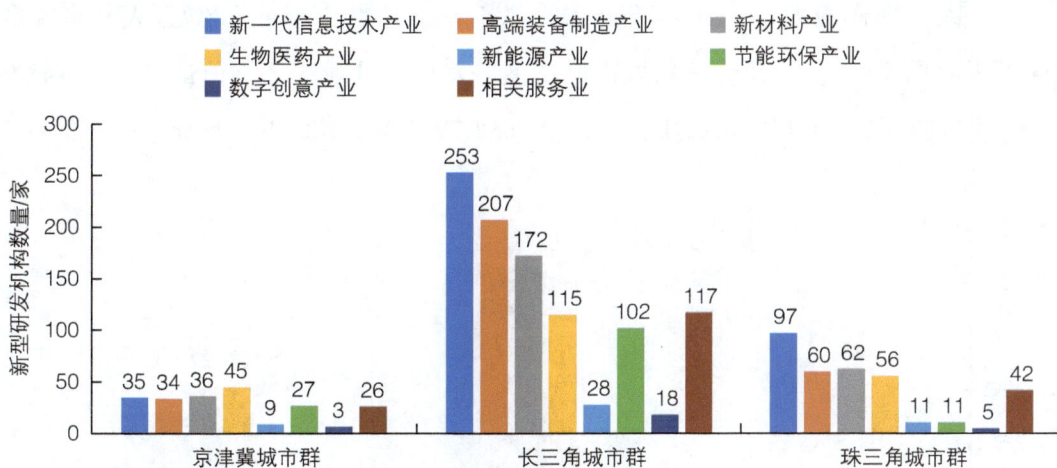

图4-2　重点城市群新型研发机构产业领域分布情况对比

三、三大城市群机构经营发展情况对比分析

三大城市群新型研发机构在经营发展方面均具有较好的条件支撑，但在运营收入方面差异显著。

（一）经营发展支撑条件整体较好，各具差异化优势

从注册资本看，京津冀城市群新型研发机构均值为 8371.22 万元，高于珠三角城市群（6268.85 万元）和长三角城市群（2807.21 万元），如图 4-3 所示。

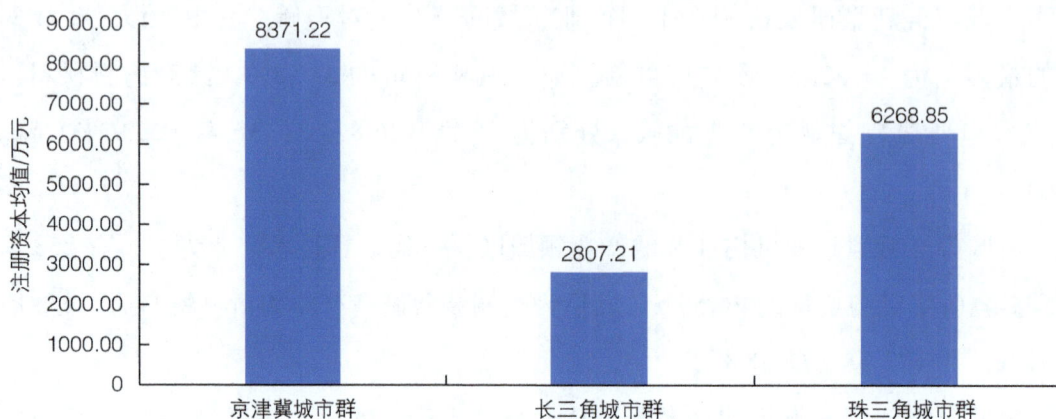

图4-3　重点城市群新型研发机构注册资本均值对比

就从业人员看，长三角和珠三角城市群新型研发机构优势显著。一是长三角城市群新型研发机构从业人员规模最大，达到 4.15 万人，高于珠三角城市群的 2.80 万人和京津冀城市群的 0.92 万人（图 4-4）。二是珠三角城市群新型研发机构从业人员均值最高，为 148.06 人，高于长三角城市群（76.34 人）和京津冀城市群（68.72 人），如图 4-5 所示。

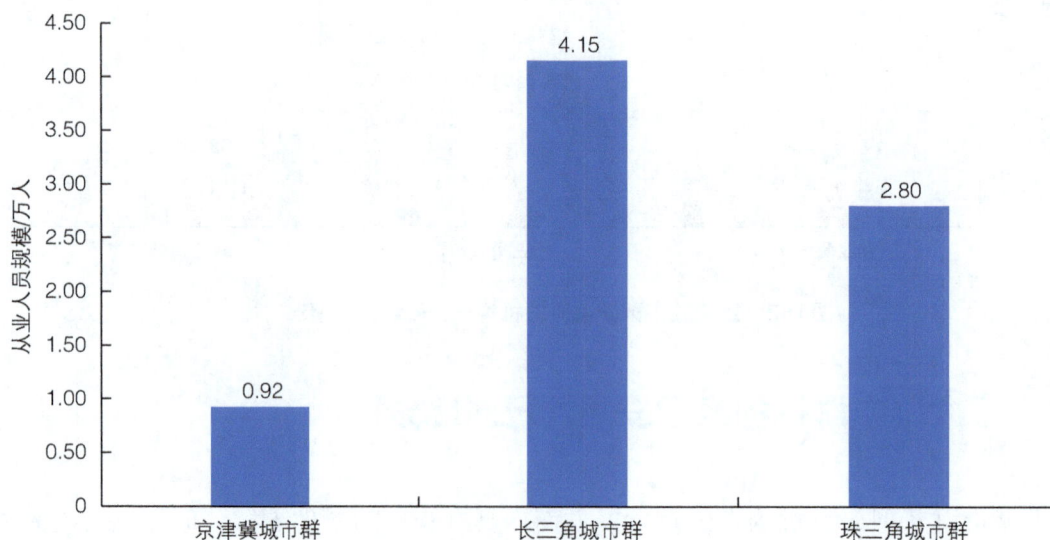

图4-4　重点城市群新型研发机构从业人员规模对比

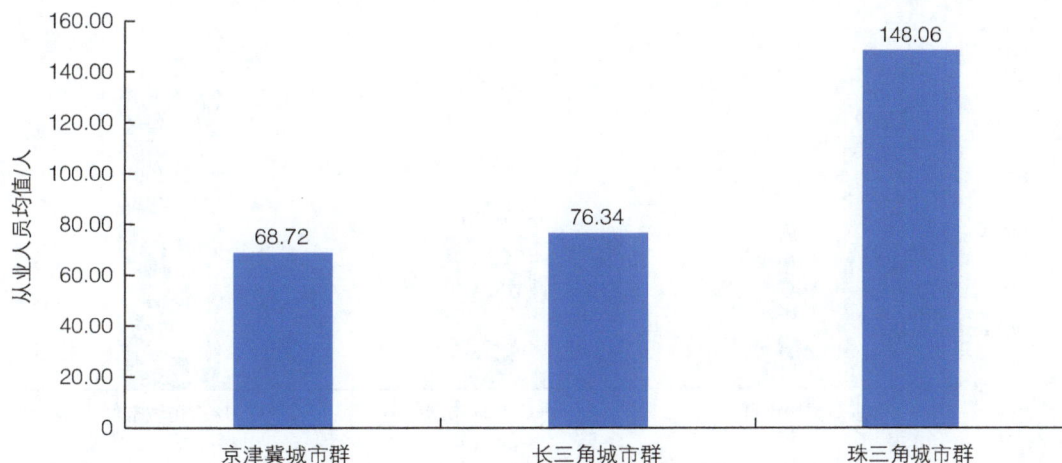

图4-5 重点城市群新型研发机构从业人员均值对比

从研发人员看，长三角和珠三角城市群新型研发机构各具优势。一是长三角城市群研发人员规模最大，达到 32 527 人，高于珠三角城市群（22 177 人）和京津冀城市群（6861 人），如图 4-6 所示。二是珠三角城市群新型研发机构研发人员均值最高，达到 117.34 人，高于长三角城市群的 59.90 人和京津冀城市群的 51.20 人（图 4-7）。三是珠三角城市群新型研发机构从业人员中研发人员占比最高，为 79.25%，高于长三角城市群（78.47%）和京津冀城市群（74.51%），如图 4-8 所示。

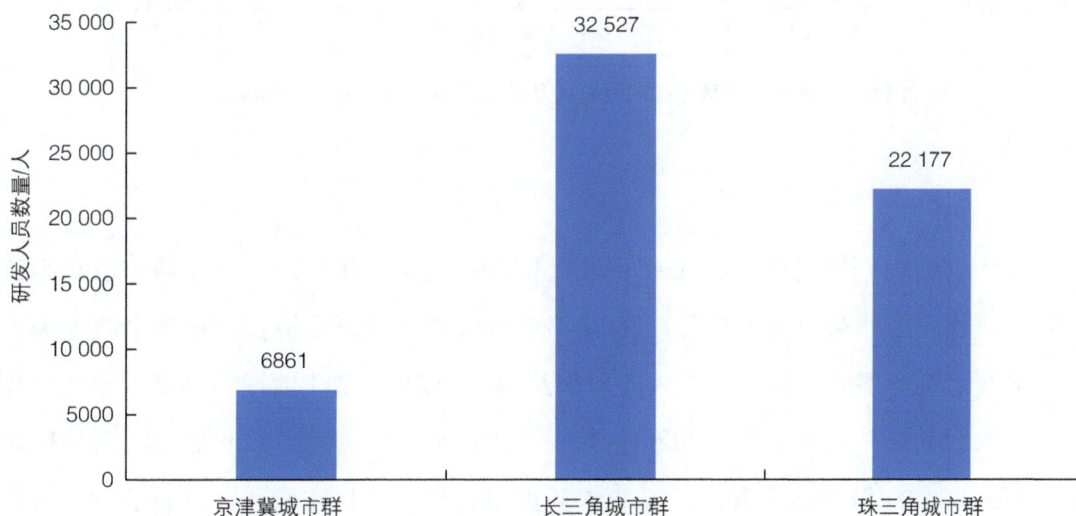

图4-6 重点城市群新型研发机构研发人员数量对比

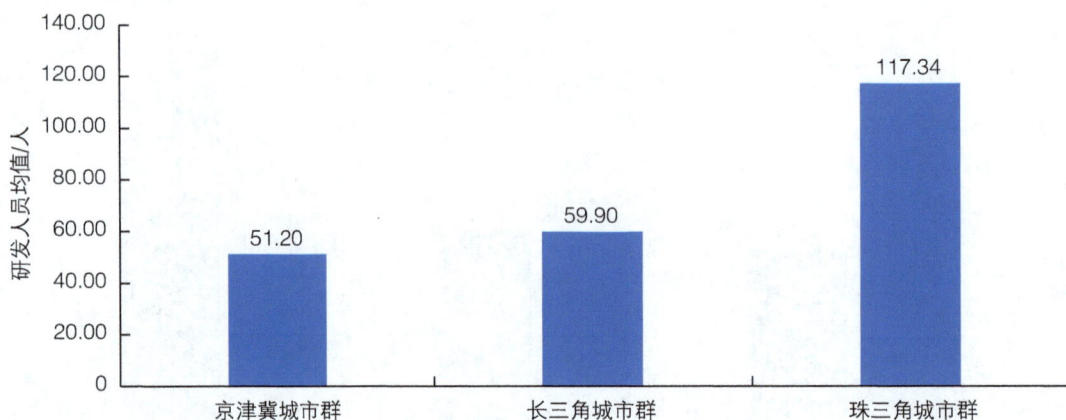

图4-7　重点城市群新型研发机构研发人员均值对比

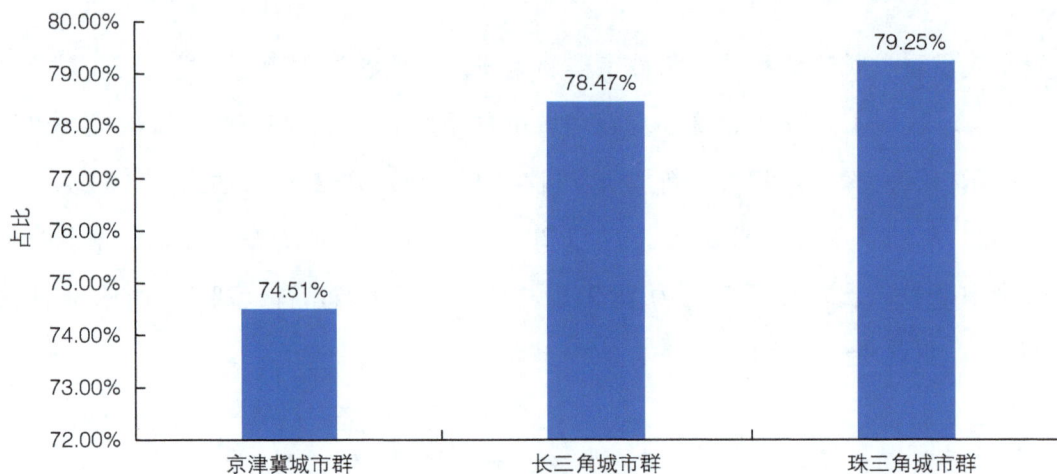

图4-8　重点城市群新型研发机构从业人员中研发人员占比情况对比

（二）主要收入来源结构不同，收入水平差异显著

三大城市群新型研发机构的收入来源呈现显著差异性。其中，长三角城市群新型研发机构以政府资金收入为其第一收入来源，2020年该城市群新型研发机构政府资金收入为125.15亿元，占该城市群新型研发机构总收入的比例达到56.82%。京津冀城市群新型研发机构以来自企业的收入为其第一收入来源，2020年来自企业的收入总额为30.20亿元，占该城市群新型研发机构总收入的57.76%。珠三角城市群新型研发机构来自政府和来自企业的收入则较为均衡，占比分别为45.58%和51.96%（图4-9）。

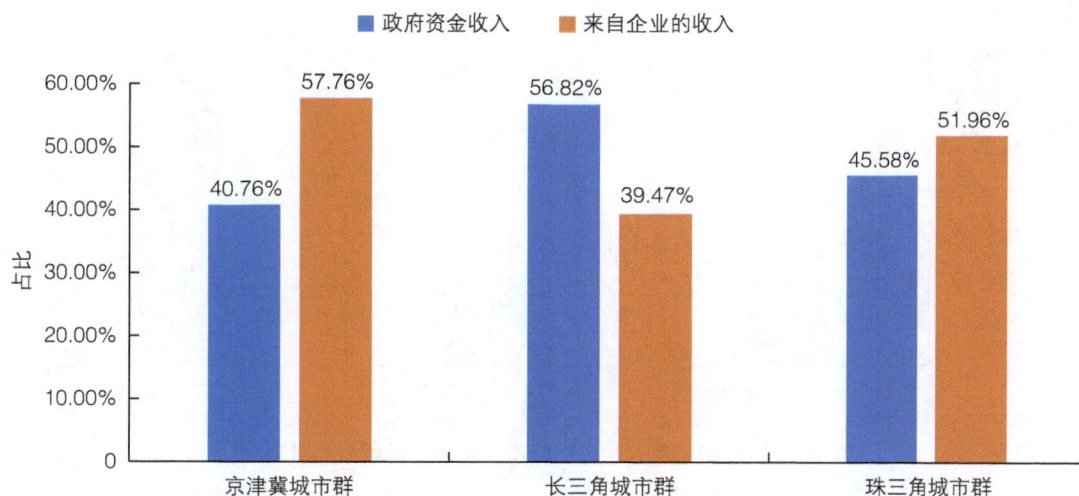

图4-9　重点城市群新型研发机构政府资金和来自企业的收入占该城市群新型研发机构总收入的比例

从收入水平来看，珠三角城市群新型研发机构表现突出。一是珠三角城市群新型研发机构收入总额最高，2020 年机构总收入达到 272.25 亿元，占我国新型研发机构收入总额的 14.14%，高于长三角城市群（220.27 亿元，占比 11.44%）和京津冀城市群（52.28 亿元，占比 2.72%），如图 4-10 所示。二是珠三角城市群新型研发机构总收入均值最高，达到 14 404.54 万元，高于长三角城市群（4056.56 万元）和京津冀城市群（3901.65 万元），如图 4-11 所示。

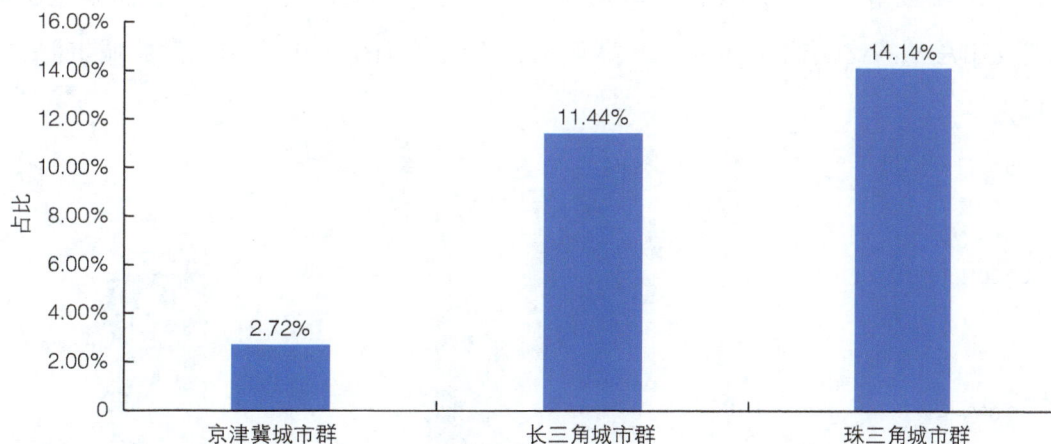

图4-10　2020年重点城市群新型研发机构总收入占全国机构总收入的比例

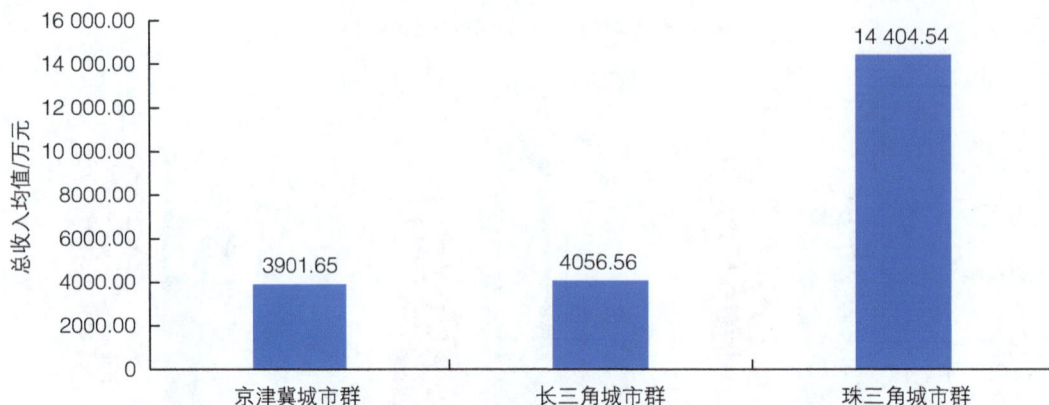

图4-11　2020年重点城市群新型研发机构总收入均值对比

四、三大城市群机构研发活动对比分析

三大城市群新型研发机构研发投入、研发活动开展等方面情况总体良好，其中珠三角城市群较为突出。

（一）研发支出条件均表现较好

从研发经费支出看，三大城市群新型研发机构整体良好。其中，珠三角城市群新型研发机构的研发经费支出规模和强度均为最高。

一是珠三角城市群新型研发机构研发经费支出总额最大，占2020年我国新型研发机构研发经费支出总额的比例达到20.45%，高于长三角城市群的16.04%和京津冀城市群的4.39%（图4-12）。

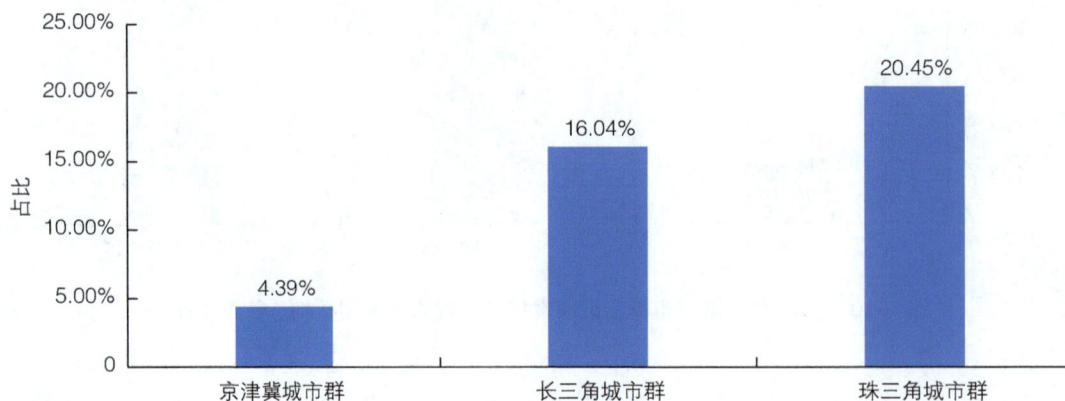

图4-12　2020年重点城市群新型研发机构研发经费支出占全国机构研发经费支出的比例

二是珠三角城市群新型研发机构研发经费总支出均值最高，为8873.78万元，大幅高于京津冀城市群（2688.99万元）和长三角城市群（2422.62万元），如图4-13所示。

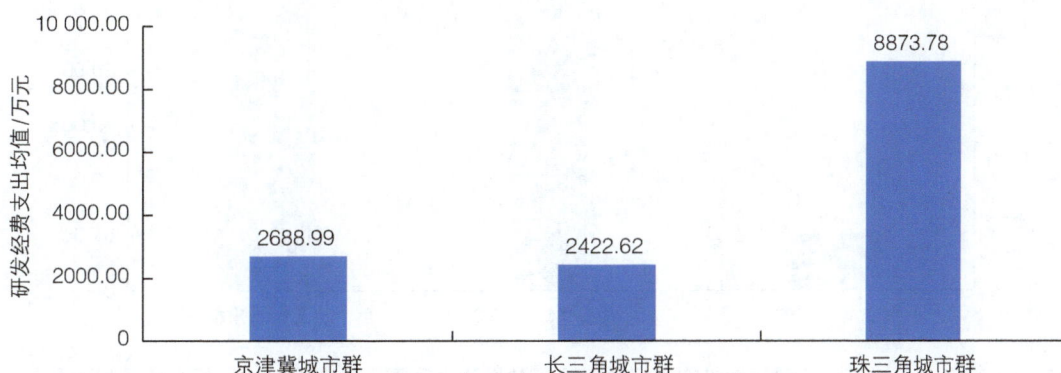

图4-13　2020年重点城市群新型研发机构研发经费支出均值对比

三是2020年珠三角城市群新型研发机构研发经费投入强度达到59.01%，高于长三角城市群（55.86%）和京津冀城市群（49.84%），如图4-14所示。

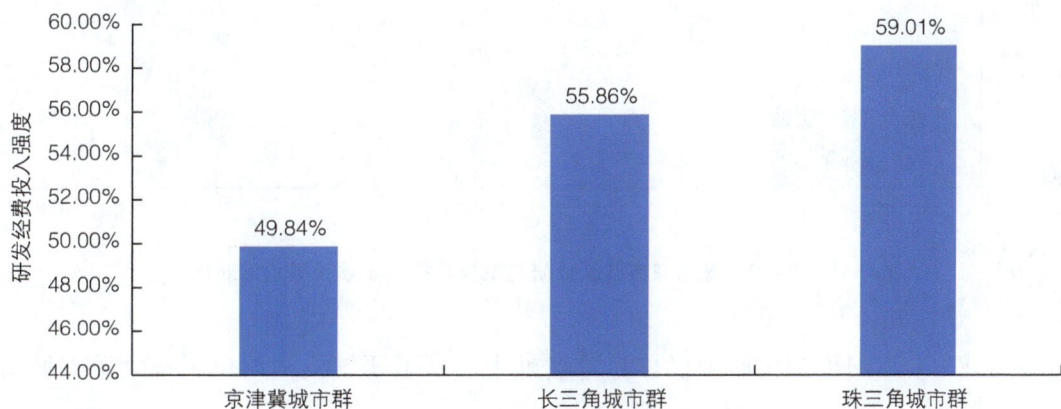

图4-14　2020年重点城市群新型研发机构研发经费投入强度对比

（二）承担科研项目情况存在差异

从承担科研项目数量来看，珠三角城市群新型研发机构相对较多。一是总规模较大，2020年共承担科研项目10 262项，占我国新型研发机构科研项目总量的29.72%，高于长三角城市群（9613项，占比为27.84%）和京津冀城市群（1749项，占比为5.07%），如图4-15所示。二是珠三角城市群新型研发机构承担科研项目数均值最高，为54.30项，大幅高于长三角城市群（17.70项）和京津冀城市群（13.05项），如图4-16所示。

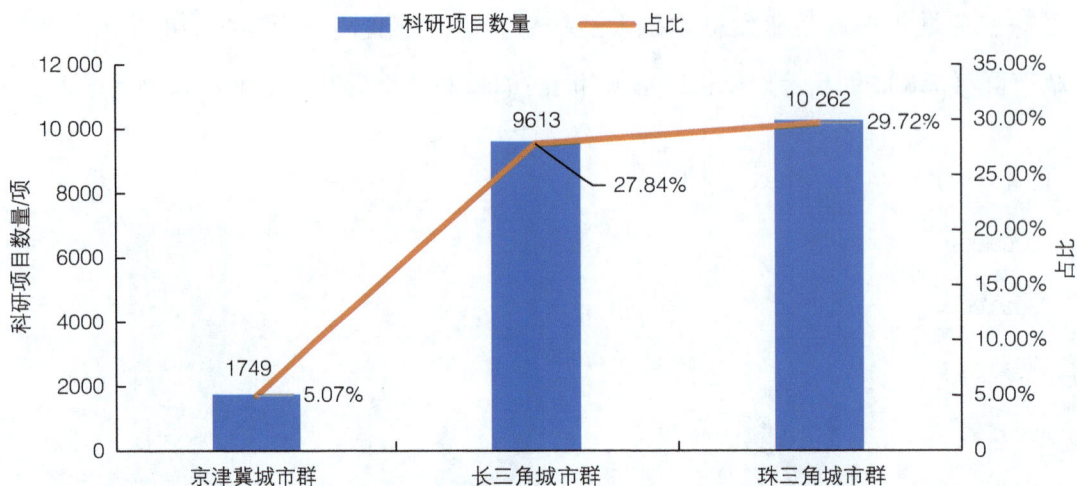

图4-15　2020年重点城市群新型研发机构承担科研项目数量及占我国新型研发机构承担科研项目总量的比例

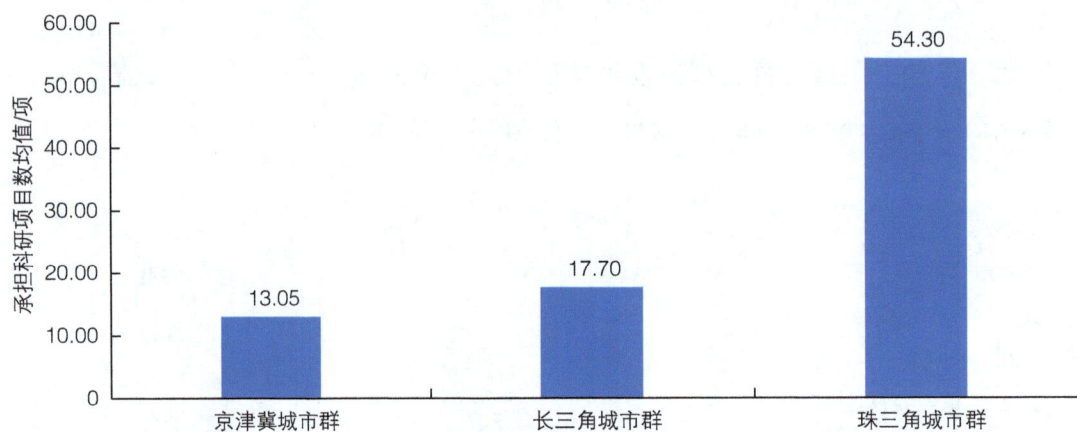

图4-16　2020年重点城市群新型研发机构承担科研项目数均值对比

　　同时，2020年我国承担科研项目总量排名前十的新型研发机构均位于三大重点城市群。其中，6家位于珠三角城市群，包括中国科学院深圳先进技术研究院、清华大学深圳国际研究生院等；3家位于长三角城市群，包括中国科学院宁波材料技术与工程研究所等；1家位于京津冀城市群，为清华大学天津高端装备研究院（表4-1）。

表4-1　2020年重点城市群新型研发机构中承担科研项目总量排名前十的机构

序号	机构名称	所在城市群	在研科研项目数／项
1	中国科学院深圳先进技术研究院	珠三角城市群	636
2	广州软件应用技术研究院	珠三角城市群	309

续表

序号	机构名称	所在城市群	在研科研项目数／项
3	香港理工大学深圳研究院	珠三角城市群	237
4	中国科学院宁波材料技术与工程研究所	长三角城市群	1517
5	北京大学深圳研究生院	珠三角城市群	480
6	清华大学天津高端装备研究院	京津冀城市群	459
7	清华大学深圳国际研究生院	珠三角城市群	3971
8	中国科学院广州生物医药与健康研究院	珠三角城市群	398
9	浙江清华长三角研究院	长三角城市群	339
10	阿里巴巴达摩院（杭州）科技有限公司	长三角城市群	406

从承担科研项目类型来看，珠三角城市群新型研发机构承担来自政府的和来自企业的科研项目数均值均最高。其中，承担政府科研项目数均值为 31.37 项，高于长三角城市群（6.24 项）和京津冀城市群（4.05 项）；承担企业科研项目数均值为 13.75 项，高于长三角城市群（9.12 项）和京津冀城市群（7.72 项），如图 4-17 所示。

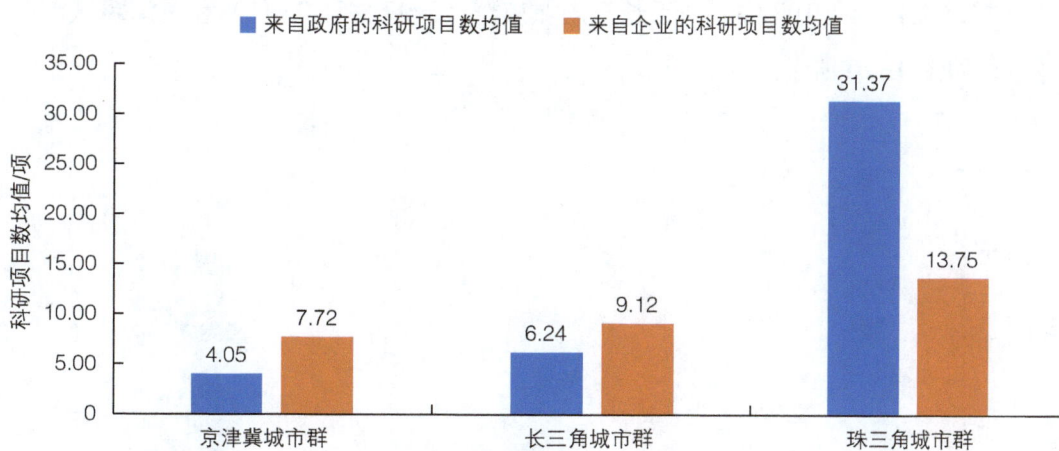

图4-17　2020年重点城市群新型研发机构承担的来自政府和来自企业的科研项目数均值对比

珠三角城市群新型研发机构承担国家级和省部级科研项目均值最高，分别为 11.25 项、6.20 项，远高于长三角城市群的 1.97 项、2.67 项和京津冀城市群的 0.93 项、2.54 项（图 4-18）。

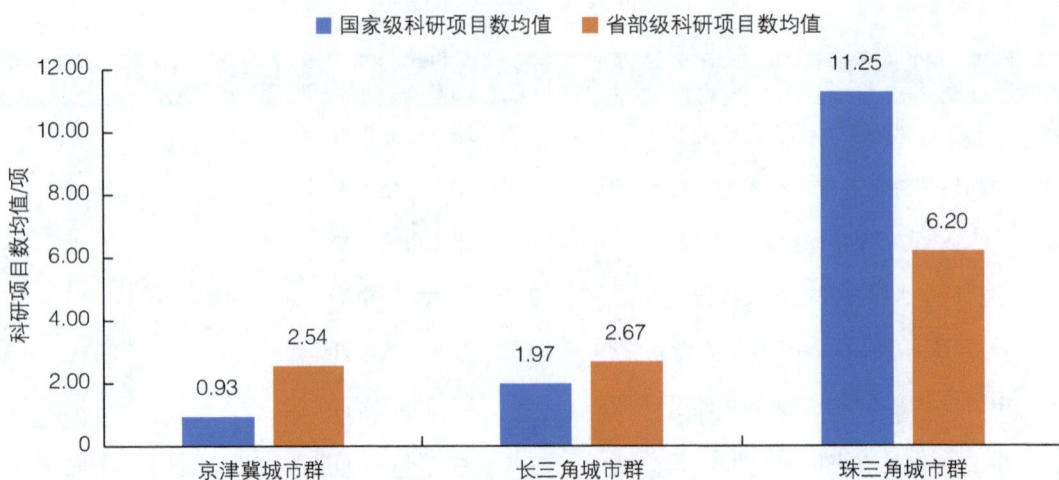

图4-18　2020年重点城市群新型研发机构承担国家级和省部级科研项目数均值对比

（三）科技创新成果产出较为丰硕

从专利产出来看，一是珠三角城市群新型研发机构年度专利授权总量均值最高，2020年为20.21件，高于长三角城市群（9.42件）和京津冀城市群（4.54件），如图4-19所示。二是珠三角城市群新型研发机构国际专利居于前列，2020年珠三角城市群新型研发机构授权发明专利2482件，授权欧美日专利107件，高于长三角城市群（1997件和25件）和京津冀城市群（318件和16件），如图4-20所示。

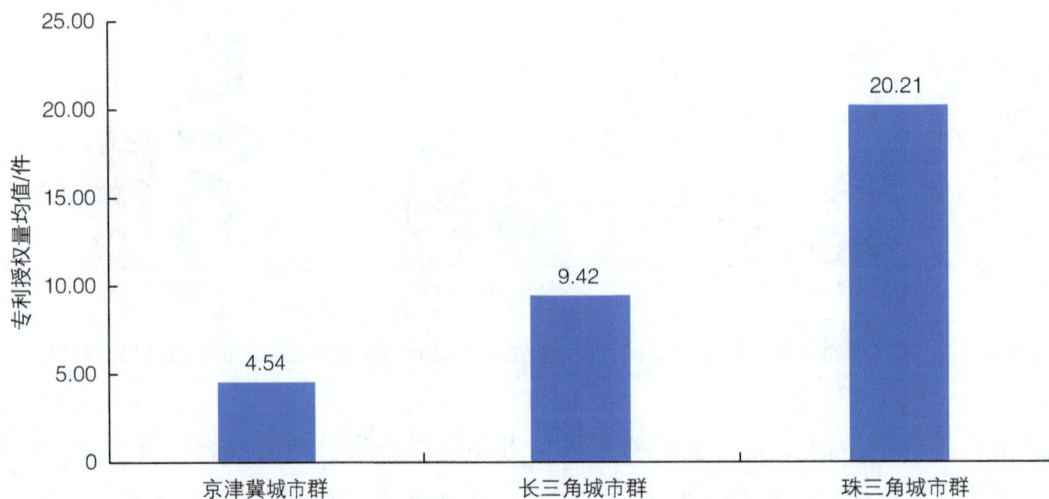

图4-19　2020年重点城市群新型研发机构专利授权量均值对比

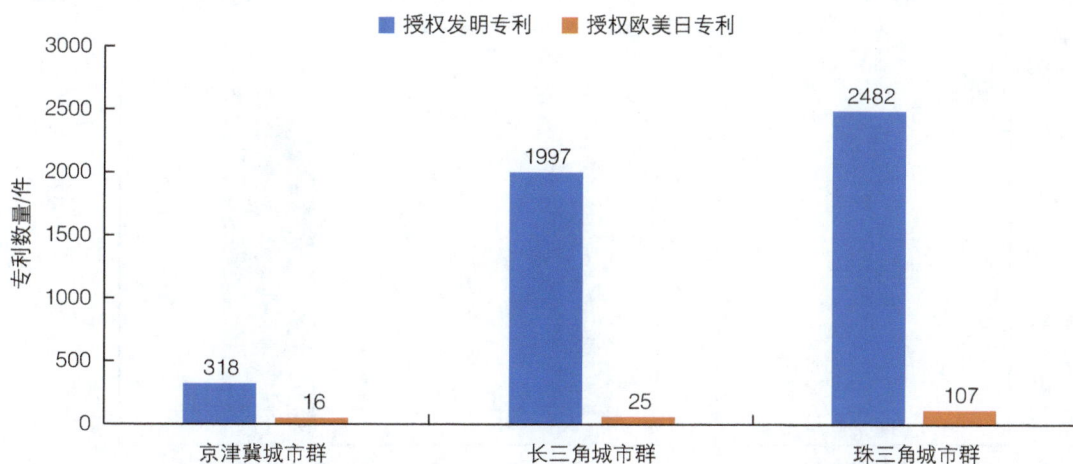

图4-20　2020年重点城市群新型研发机构授权发明专利和欧美日专利数对比

从主导或参与标准制定数量看，一是长三角城市群新型研发机构累计主导或参与形成的国家或行业标准总量最高，达到2378项，占我国新型研发机构累计主导或参与形成国家或行业标准总量的43.63%，高于珠三角城市群（661项，占比为12.13%）和京津冀城市群（114项，占比为2.09%），如图4-21所示。二是珠三角城市群新型研发机构累计主导或参与形成的国际标准数量最多，为50项，占我国新型研发机构累计主导或参与形成国际标准总量的27.78%，高于长三角城市群（45项，占比为25%）和京津冀城市群（0项），如图4-22所示，显示了珠三角城市群在知识产权创造、运用、保护和贸易方面的国际合作卓有成效。

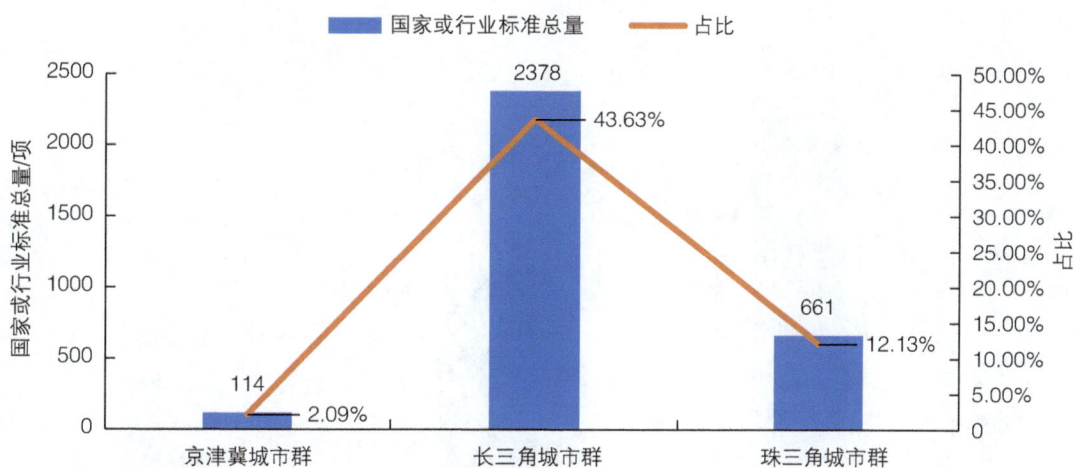

图4-21　重点城市群新型研发机构累计主导或参与形成国家或行业标准数量及占全国总量的比例

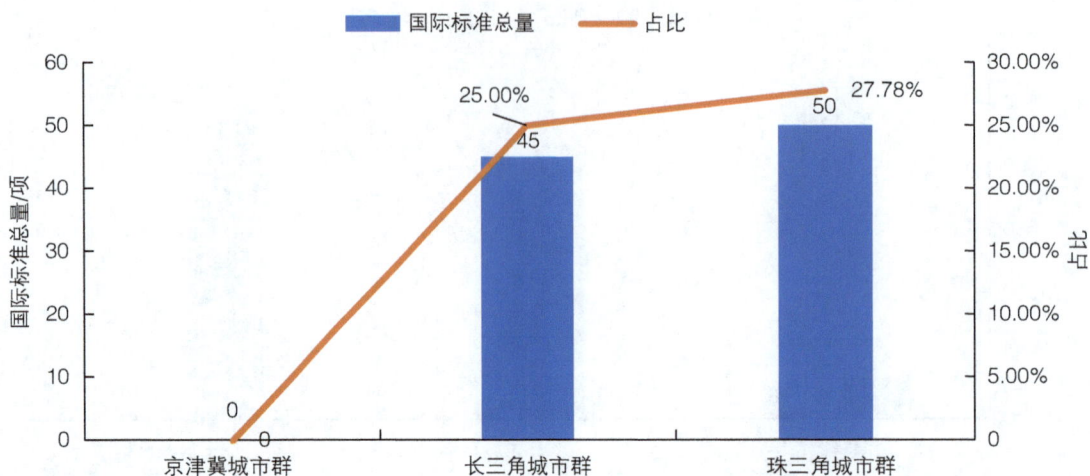

图4-22　重点城市群新型研发机构累计主导或参与形成国际标准数量及占全国总量的比例

五、三大城市群机构产业化活动对比分析

三大城市群新型研发机构在成果转化和产业化活动开展方面各具特色。

（一）专利实施情况差距大，京津冀城市群机构整体水平领先

京津冀城市群新型研发机构拥有的发明专利中已被实施的专利数量占比最高，达到 67.18%，高于长三角城市群的 37.62% 和珠三角城市群的 18.77%（图4-23）。

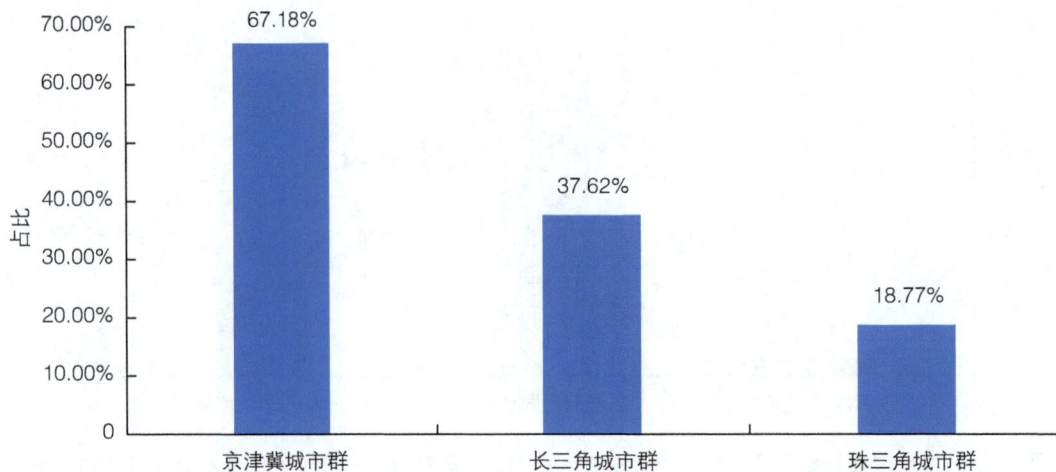

图4-23　重点城市群新型研发机构已实施发明专利占拥有发明专利总量的比例

（二）孵化企业情况整体较好，长三角和珠三角城市群服务规模占优

从开展企业孵化业务的机构数及占比看，长三角城市群新型研发机构 2020 年开展孵化业务的机构数最多且占该城市群总机构数的比例最高，分别为 221 家和 40.70%，高于珠三角城市群的 63 家和 33.33%、京津冀城市群的 28 家和 20.90%（图 4-24）。

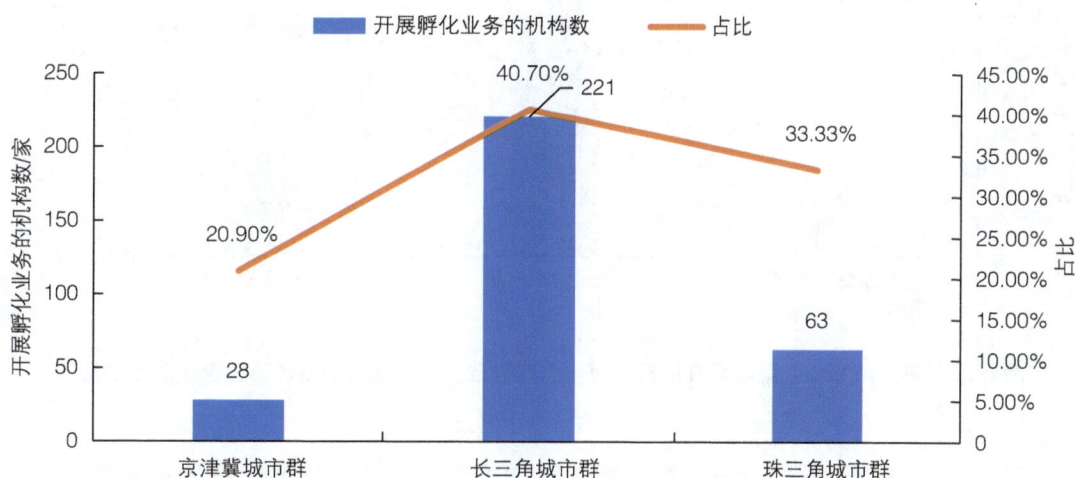

图4-24　2020年重点城市群新型研发机构开展孵化业务的机构数及占全国的比例

从孵化企业数量看，长三角城市群新型研发机构 2020 年孵化企业数量最多，为 1232 家，占当年我国新型研发机构孵化企业总量的 48.18%，高于珠三角城市群（234 家，占比为 9.15%）和京津冀城市群（106 家，占比为 4.15%），如图 4-25 所示。珠三角城市群累计孵化企业数量最多，占我国新型研发机构累计孵化企业总数的 35.79%，高于长三角城市群的

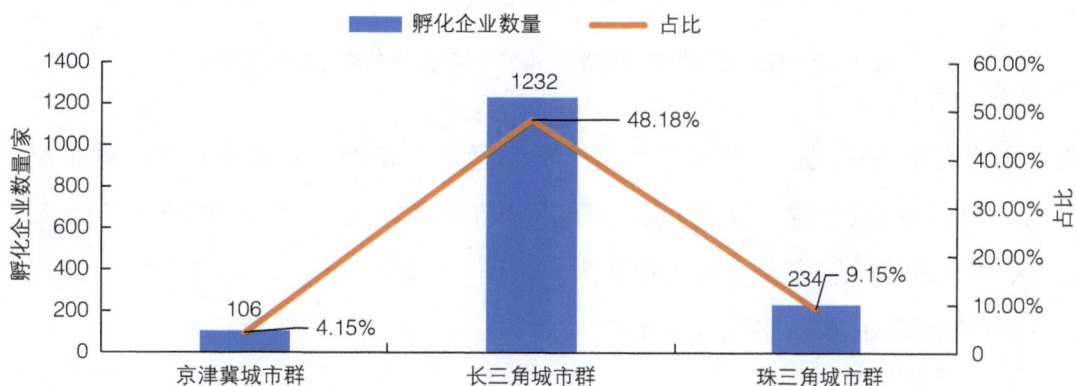

图4-25　2020年重点城市群新型研发机构孵化企业数量及占全国总量的比例

31.68% 和京津冀城市群的 4.21%（图 4-26）。同时，珠三角城市群新型研发机构累计孵化上市企业、高新技术企业数量最多，为 36 家和 751 家；长三角城市群新型研发机构累计孵化科技型中小企业数量最多，为 1702 家（图 4-27）。

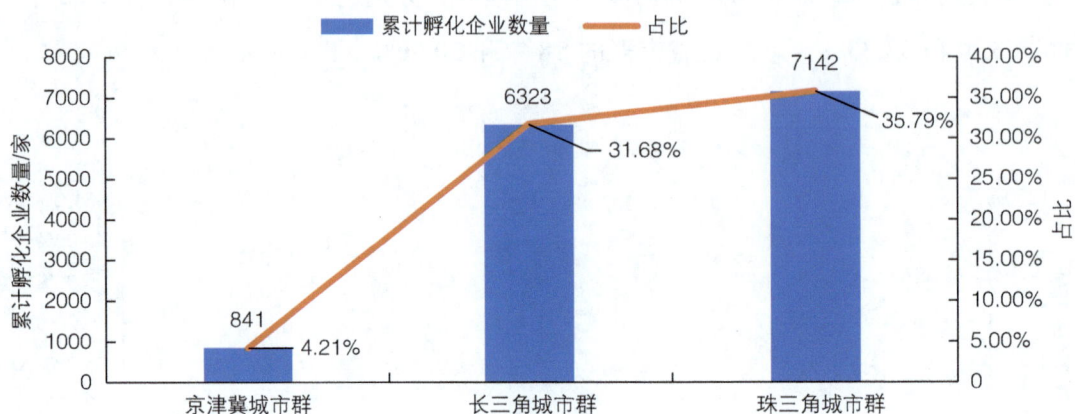

图4-26　重点城市群新型研发机构累计孵化企业数量及占全国机构累计孵化企业总量的比例

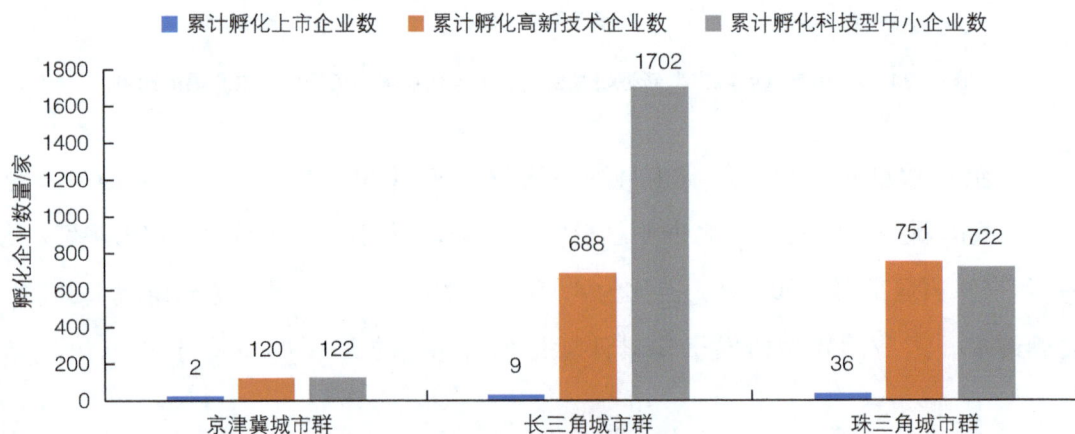

图4-27　重点城市群新型研发机构累计孵化3类优质企业数量对比

从设立投资基金情况来看，长三角城市群新型研发机构设立投资基金总数最高，达到121 支，高于珠三角城市群（32 支）和京津冀城市群（15 支），如图 4-28 所示。长三角城市群新型研发机构设立投资基金总规模最大，达到 110.88 亿元，高于珠三角城市群的 29.65 亿元和京津冀城市群的 6.25 亿元（图 4-29）。

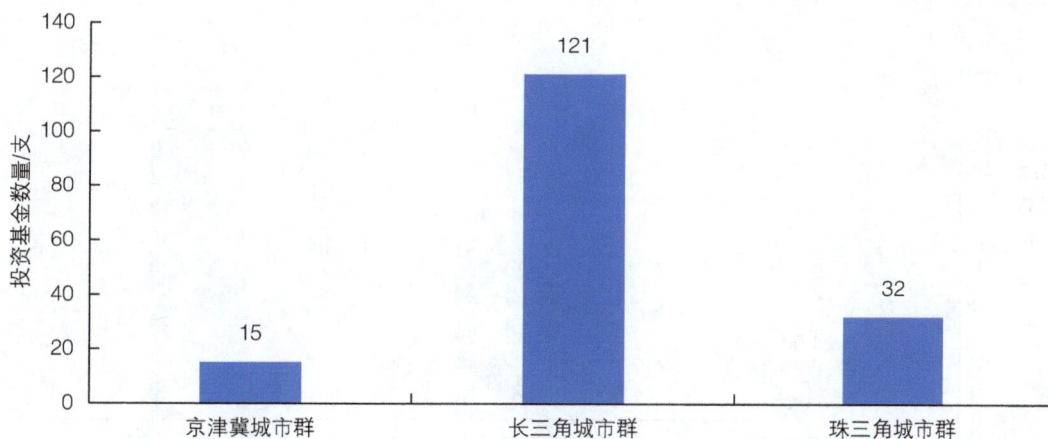

图4-28　重点城市群新型研发机构设立投资基金数量对比

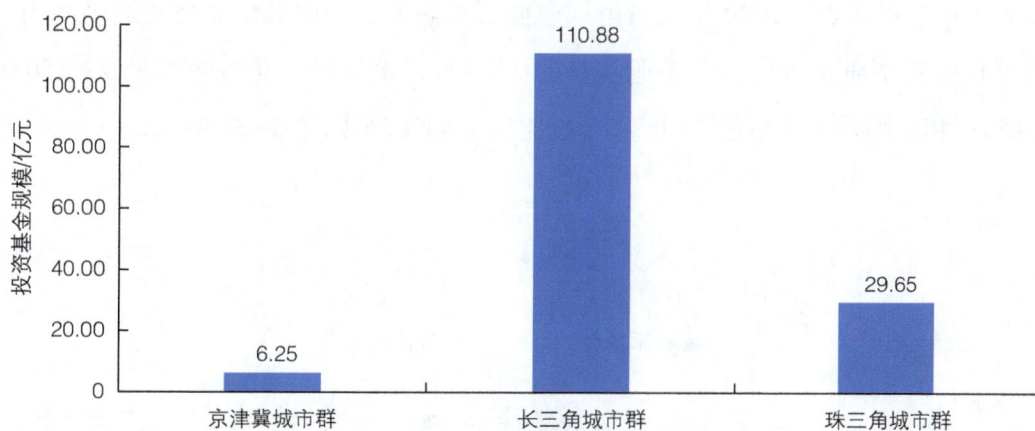

图4-29　重点城市群新型研发机构投资基金规模对比

（三）服务企业情况存在差异，珠三角和长三角城市群机构相对活跃

从服务企业数量均值来看，2020 年珠三角城市群新型研发机构服务企业数量最多，为 118.25 家，高于长三角城市群的 73.99 家和京津冀城市群的 21.63 家（图 4-30）。

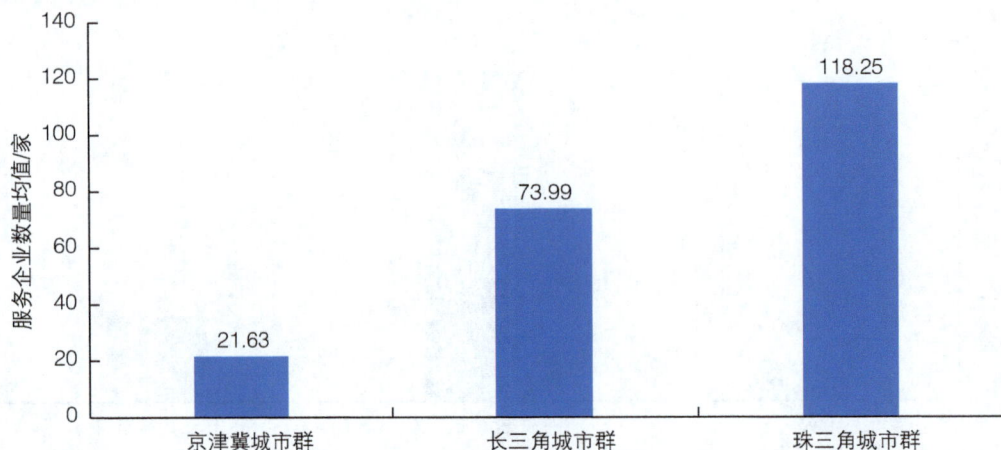

图4-30　2020年重点城市群新型研发机构服务企业数量均值对比

从服务企业总量来看，2020年长三角城市群新型研发机构服务企业数量最多，为40 178家，占当年我国新型研发机构服务企业总量的33.76%，高于珠三角城市群的22 350家（占比为18.78%）和京津冀城市群的2898家（占比为2.44%），如图4-31所示。

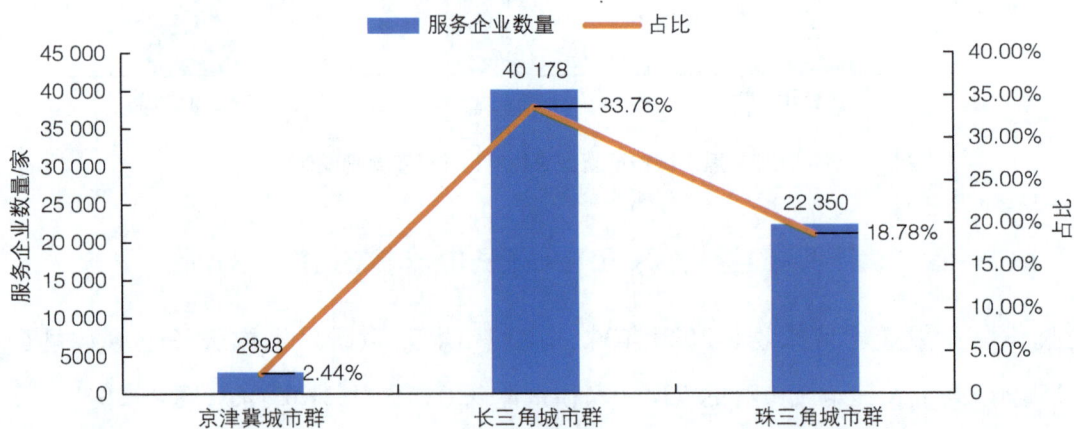

图4-31　2020年重点城市群新型研发机构服务企业数量及占比

第五章　新型研发机构发展面临的问题及对策建议

新型研发机构作为国家创新体系的重要组成部分，在支撑经济高质量发展、深化产学研合作、推进科技创业、加速科技成果转移转化中发挥着重要作用。总体上看，我国新型研发机构目前尚处于起步阶段，发展中仍面临一些困难和问题，需进一步完善和解决。

一、主要问题

（一）功能定位不清，各地方备案认定标准不一

科技部 2019 年颁布的《关于促进新型研发机构发展的指导意见》，对新型研发机构功能定位、运行模式、机构治理等做出了规定。但目前尚未在部门层面出台细化、量化标准，各省（区、市）纳入统计和支持范围的新型研发机构情况各不相同，在功能内涵上存在较大差异。例如，部分地区将围绕企业集团业务开展研发活动的研发子公司、无研发功能的服务平台和以生产销售产品为主营业务的科技企业也认定为新型研发机构。

（二）发展水平参差不齐，内生发展能力需进一步提升

根据调查数据，目前我国新型研发机构创新水平参差不齐。从研发投入和专利产出指标来看，4.11% 的新型研发机构研发投入强度在 3% 以下[①]，远低于新型研发机构研发投入强度均值（40.62%）；少部分纳入统计的新型研发机构无有效专利产出（非新设立）；申请 PCT 专利和拥有境外授权发明专利的新型研发机构数量偏少。从承接科研项目情况来看，企业类和社会服务机构类新型研发机构承担科研项目能力总体不强，企业类（10.17 项）和社会服务机构类新型研发机构（9.70 项）承担项目均值大幅低于事业单位类机构承担科研项目均值（37.42 项）。

[①]　国家高新技术企业研发投入强度（研发投入／销售收入）最低为 3%。

新型研发机构盈利能力和内生发展能力有待进一步提升。从收入指标来看，部分新型研发机构收入水平较低，其中社会服务机构类新型研发机构 2020 年总收入均值（3888.59 万元）远低于新型研发机构年度总收入均值（8988.06 万元）；部分新型研发机构收入来源单一，事业单位类新型研发机构 2020 年总收入构成中 52.14% 为政府拨款。从盈余指标来看，近半数新型研发机构年度盈余为负，且有 7.52%（161 家）的新型研发机构 2020 年亏损额在 500 万元以上。同时，不同区域间新型研发机构发展水平差异较大，西部和东北地区新型研发机构数量与动态数列水平低于东部地区（52.71%），东北地区为 50.94%，西部地区为 45.08%。

（三）引聚人才效应不强，人才队伍整体实力有待加强

新型研发机构的领军人才和国际化人才数量总体仍然较少，留学归国人员和外籍研发人员占比不足 4%，且人才流动性较大，人才队伍整体稳定性不强，特别是"能研发、懂技术、会管理、善经营"的专业复合型人才普遍稀缺，不利于长期发展。与高校、院所科研人员相比，新型研发机构科研人员在职称评审、评奖、户口、住房及子女教育资源等方面仍存在差距，导致新型研发机构对科研人员吸引力相对不足。例如，中部地区新型研发机构研发人员中，具有研究生学历的人员占比仅为 28.87%，远低于东部地区（52.71%）、东北地区（50.94%）和西部地区（45.08%）。

（四）促进科技与产业融合发展的工作机制与模式创新仍需进一步强化

面向产业和企业需求开展研发活动、提供研发服务是新型研发机构的重要价值体现，调查数据显示，部分新型研发机构服务产业和企业程度不高，作用发挥尚不充分。超过一半的新型研发机构的投入建设主体只包含一种类型的机构（如仅有企业主体进行投入建设），未实现"政、产、学、研"资源集成；20.70% 的新型研发机构 2020 年承担的科研项目全部来自政府，31.21% 的新型研发机构 2020 年总收入构成中来自企业的收入占比在 30% 以下，面向产业企业开展的研发服务较少。

二、对策建议

面向"十四五"，各级科技管理部门要认真贯彻落实党中央决策部署，按照《中华人民共和国科学技术进步法》，抓实抓好新型研发机构培育和发展，完善"投入主体多元化、管理制度现代化、运行机制市场化、用人机制灵活化"发展模式，引导新型研发机构聚焦科学

研究、技术创新和研发服务。强化新型研发机构在国家创新体系中的重要作用，建设一支适应高质量发展新要求、产学研深度融合、市场化机制运行的新型科研队伍。推动新型研发机构健康有序发展，为建设社会主义现代化经济体系和实现国家科技自立自强提供坚实可靠的科技创新支撑。具体政策建议如下。

（一）建立全国新型研发机构统计与评价体系

按照科技部《关于促进新型研发机构发展的指导意见》总体要求，加强顶层设计，聚焦新型研发机构现代管理体制、市场化运行机制、研发服务能力、服务企业成效等方面，完善新型研发机构统计与评价指标，着重突出和强化市场化、专业化的评价导向，引导新型研发机构规范发展。

（二）完善新型研发机构信息服务平台和数据库建设

进一步加强全国新型研发机构信息服务平台和数据库建设，更好地支撑新型研发机构统计调查与监测评价，为开展全国新型研发机构数据查询、分析评价、信息共享和备案工作提供有力支撑。

（三）研究制定支持新型研发机构高质量发展的政策举措

基于不同法人类型、不同产业领域、不同发展阶段新型研发机构发展特点，研究提出支持新型研发机构高质量发展的政策建议，包括探索建立基于绩效评价的后补助支持机制、完善新型研发机构研究生培养机制、改革新型研发机构人才评价方式等，切实解决新型研发机构发展中面临的现实问题。

（四）加强新型研发机构交流培训

认真梳理各地支持新型研发机构发展的政策举措，汇总有代表性的新型研发机构案例，研究编制新型研发机构发展报告与案例集。组织各地区新型研发机构交流合作，宣讲典型案例，听取政策建议。定期举办全国新型研发机构管理工作培训班，提升地方新型研发机构管理运行水平。

附件一 各省（区、市）、新疆生产建设兵团及计划单列市支持新型研发机构发展的政策措施

报告汇总 29 个省（区、市）、新疆生产建设兵团和 5 个计划单列市上报的关于促进新型研发机构发展工作开展情况材料，整理形成地方支持新型研发机构发展的政策措施专章，集中展示地方支持新型研发机构发展方面的做法和经验。

一、北京市

2018 年 1 月，北京市政府印发《北京市支持建设世界一流新型研发机构实施办法（试行）》（以下简称《实施办法》），开始开展高水平新型研发机构培育工作。具体来看，北京市支持新型研发机构的主要做法包括两个方面。

1. 探索制度创新

《实施办法》以破解科研机构发展痼疾为导向，以放权赋能、松绑除障为重点，以形成"科技创新 + 科技体制机制创新"双轮驱动力为目标，更好地激发科研人员积极性和创造性，在政府放权、财政资金支持与使用、绩效评价、知识产权和固定资产管理等方面探索"五个新"的制度创新。

一是新的运行机制。打破传统科研机构的体制机制和管理模式约束，采取与国际接轨的治理结构和市场化运行机制；依法制定章程，建立完善的组织体系、法人治理结构，实行理事会领导下的院（所）长负责制。

二是新的财政支持方式。创新财政科技经费支持方式，根据机构类型和实际需求给予稳定资金支持，探索实行负面清单管理，赋予新型研发机构经费使用的更大自主权。

三是新的绩效评价机制。对新型研发机构实行个性化合同管理制度，根据合同约定，对新型研发机构组织开展绩效评价，围绕科研投入、创新产出质量、成果转化、原创价值、实

际贡献、人才集聚和培养等方面进行评估，并由理事会下设的审计委员会对资金使用情况实施审计，审计结果作为绩效评价的重要参考。

四是新的知识产权激励制度。除特殊规定外，市财政资金支持产生的科技成果及知识产权由新型研发机构依法取得，自主决定转化及推广应用，重大成果转化安排由院（所）长提出方案、理事会审定，对符合首都城市战略定位在京实施转化的，通过北京市科技创新基金等提供支持。

五是新的固定资产管理方式。市财政资金支持形成的大型科研仪器设备等由新型研发机构管理和使用，推进开放共享，提高资源利用效率。

2. 建立健全相关管理制度

北京市科委制定实施《〈北京市支持建设世界一流新型研发机构实施办法（试行）〉工作暂行规程》，研究形成新型研发机构建设合同统一参考文本，对机构建设周期、政府支持方式、机构权利义务等内容在协议中予以明确。完善新型研发机构建设方案论证工作程序，明确论证工作有关标准和具体要求。北京市财政局制定《关于进一步明确新型研发机构预算下达实施规范的函》，进一步细化了预算下达的要求。此外，结合具体事项办理及对相关政策的研究，北京市科委牵头制定了新型研发机构管理与服务相关暂行办法、筹建阶段工作流程方案等系列管理制度。

二、天津市

2018 年 8 月，天津市政府办公厅印发《天津市人民政府办公厅关于加快产业技术研究院建设发展的若干意见》，同年 10 月，天津市科技局出台《天津市产业技术研究院认定与考核管理办法（试行）》（津科规〔2018〕7 号），着力培育天津市新型研发机构。具体来看，天津市支持新型研发机构的主要做法包括 3 个方面。

1. 赋予新型研发机构自主权

一是支持高端人才引育。支持产研院大力引进海内外高层次人才，建立高层次人才引进的若干措施，积极引进院士等高层次领军人才，对海内外顶级高层次人才团队带技术、带成果、带项目创新创业和转化成果的，给予支持资金。加大柔性引才力度，发挥协同发展优势，与高校、科研院所开展合作共建，通过挂职兼职、技术咨询、周末工程师等方式，柔性汇聚国内外人才资源。支持人才带科研成果在津转化落地，视业绩贡献，在表彰奖励、科研立项、子女教育、医疗保障等方面享受与在津人才同等待遇。

二是支持研发服务。天津市科技局在助力产研院面向相关行业提供科技成果及技术研发与咨询服务的同时，将产研院纳入"天津市大型科学仪器开放共享平台"，引导产研院建设以检测服务和技术服务为主要内容的检测服务平台。

三是支持科研项目经费自主使用。对于除财政经费以外的科研经费，产研院给予项目团队充分的使用自主权，项目负责人可自行决定采购方式，可按照政府采购要求，通过政采程序进行设备、服务的采购，也可自行选择适合的采购方式。

四是支持科技成果转化。鼓励各产研院制定科研成果转化激励制度，通过激励制度保障参与科研人员的收入与其能力、贡献、所承担任务及其取得的成果相匹配，以最大限度地调动参与科研人员的积极性。鼓励产研院科技人员科技创新，不以"四唯"作为衡量科技成果的标准，坚持以产业化结果为导向，促进科技成果转化。

2. 给予新型研发机构政策支持

天津市科技局从资金、政策、项目、人才团队建设等多角度支持天津产研院的建设，并建立了市、区两级联动的支持体系。在天津市级层面建立产研院年度考核与财政资金奖励制度。对上年度产研院开展技术开发、成果转化、企业孵化和服务地方经济的绩效进行评价，根据评价考核结果择优给予最高不超过1000万元的奖励。同时，产研院申报市级科技计划不受申报数量限制。产研院的衍生企业主要负责人优先纳入天津市新型企业家培养工程。在区级层面，产研院所在各区通过提供资金、项目、土地、办公场所等方式支持产研院发展。

3. 推动完善新型研发机构治理结构

一是完善内部治理结构。天津市产研院基本都实行领导小组／理事会／董事会领导下的院长负责制。产业技术咨询委员会成员主要由中科院光电研究院内部专家及邀请的国内外知名行业专家、企业家、投资机构负责人、资深投资人共同组成。产研院重大事项的决策必须经过理事会／董事会一致通过方可实行，如章程的制定与修改、注入资金的增加与变动等。

二是完善内部规程管理。天津市产研院制定了《资金管理制度》《财务报销管理制度》等一系列管理制度。

三是完善内部运行机制。天津市产研院建立了有利于产学研深度合作的运行机制、以市场为导向的科技资源配置机制、成本核算机制、灵活的用人机制、适应工程技术创新的评价机制，以及自我造血的发展机制。

三、河北省

2016 年和 2019 年，河北省委、省政府出台的《中共河北省委　河北省人民政府关于加快科技创新建设创新型河北的决定》（冀发〔2016〕29 号）、《中共河北省委　河北省人民政府关于深化科技改革创新推动高质量发展的意见》（冀发〔2019〕4 号），对培育发展新型研发机构提出明确要求。

河北省科技厅启动新型研发机构试点培育工作，研究出台了《河北省新型研发机构建设工作指引》（冀科平函〔2019〕49 号），2018—2020 年培育支持了 110 家新型研发机构试点单位，对每家试点单位给予 50 万元的建设引导经费支持，引导鼓励试点单位创新体制机制，提升产业技术研发与服务能力。

四、山西省

2021 年以来，山西省科技厅全力推动新型研发机构建设，为持续培优创新生态，全方位推动高质量发展提供支撑。

1. 高位推动，加强顶层设计

2020 年 12 月 28 日，山西省委召开十一届十一次全会暨省委经济工作会议，审议通过了《中共山西省委关于制定国民经济和社会发展第十四个五年规划和二〇三五年远景目标的建议》，明确提出"积极培育新型研发机构"。山西省委将新型研发机构建设纳入重大改革事项，同时纳入 2021 年全省创新生态建设重点工作，并在 2021 年的全省科技工作会议上进行了具体工作部署安排。

2. 建立健全政策制度体系

2021 年 5 月 12 日，山西省委办公厅、省政府办公厅印发了《关于加快建设新型研发机构的实施意见》（晋办发〔2021〕12 号），提出按照"引进共建、培育新建、整合组建、提升改建"的方式，支持新型研发机构建设。并提出到 2025 年全省新型研发机构达到 500 家，其中省级 200 家。

山西省科技厅在借鉴吸纳其他省市相关政策、管理办法、经验做法及社会各界的意见建议基础上，先后制定出台了《省新型研发机构认定和管理办法（试行）》（晋科发〔2021〕38 号）、《省级新型研发机构评审细则》（晋科综办发〔2021〕48 号），初步建立了山西省新型研发机构建设发展的政策制度体系。对省级新型研发机构定向征集重大科技项目需求，符合条件的可依照相关规定通过委托方式，支持其牵头承担省级重点研发计划项目；对承担国家重大科研项目的，按规定给予其相应补助。根据绩效评价和研发经费实际支出等情况，按照建设周期持续对省级新型研发机构给予最高不超过 500 万元的补助。按新型研发机构上年度技术成交额，给予其最高 10% 的后补助，最高不超过 100 万元。

3. 推进省级新型研发机构认定

按照山西省委、省政府的部署，山西省科技厅积极推动省级新型研发机构认定工作。一是加强宣传；二是认真组织申报。在前期宣传的基础上，发布了《关于组织开展 2021 年度省级新型研发机构申报工作的通知》，与地市科技局上下联动，积极推荐，第一批申报单位有 34 家。三是扎实开展认定评审。

五、内蒙古自治区

党的十八大以来，内蒙古自治区启动建设一批以工业技术研究院为主体的新型研发机构。主要做法包括两个方面。

一是发挥政府引导作用。2020 年，内蒙古自治区党委、政府印发的《关于加快推进"科技兴蒙"行动 支持科技创新若干政策措施》（内党发〔2020〕17 号），强调支持全方位协同创新。为吸引国家级高校、科研院所来内蒙古自治区建设创新平台，提升内蒙古自治区科研水平，提出国家级科研机构、"双一流"大学来内蒙古自治区建设国家级创新平台或新型研发机构，按投资额度和运行绩效，连续 5 年给予每年最高 1000 万元科研经费支持。对世界 500 强和国内 100 强企业到内蒙古自治区设立独立法人研发机构并开展研发活动的，给予一定支持。内蒙古自治区科技厅起草《内蒙古自治区新型研发机构备案管理办法》，于 2021 年 10 月印发。

二是优化新型研发机构布局。结合内蒙古自治区"十四五"科技创新发展规划的制定，做好新型研发机构建设和发展的顶层设计和整体布局。通过发挥市场决定性作用和更好地发挥政府作用，优化创新要素配置，围绕解决企业的技术难题、突破产业发展的关键技术、经济发展的实际需要，依托高新区、产业集群、创新园区、科研院所，规划建设和发展一批新型研发机构。

六、辽宁省

截至 2020 年年底，辽宁省已经备案两批新型研发机构。具体来看，辽宁省支持新型研发机构的主要做法包括两个方面。

一是编制工作指引，实施奖补政策。2019 年 5 月，辽宁省科技厅印发《辽宁省新型创新主体建设工作指引》，明确了辽宁省新型研发机构建设目标和功能定位等内容，以及开展新型研发机构建设工作的基本抓手等，并对省级新型研发机构给予后补助奖励政策。

二是发展服务载体，加强服务工作。2019 年 10 月，辽宁省科技厅组织相关创新主体组建了辽宁新型研发机构联盟，围绕省内新型研发机构的建设发展组织专题培训、项目路演、专家交流座谈会等，帮助新型研发机构更好地进行资源链接、要素聚集、科技创新。

七、黑龙江省

黑龙江省科技厅大力推进新型研发机构建设培育工作。具体支持措施包括以下内容。

1. 出台促进新型研发机构发展政策

为进一步加大对新型研发机构建设的支持，强化推动新型研发机构发展的政策保障，2021 年 3 月，黑龙江省制定出台了《黑龙江省人民政府办公厅印发关于加强原创性科学研究等 4 项措施的通知》（黑政办规〔2021〕7 号），其中包含《关于促进新型研发机构发展的措施》（简称《措施》）。《措施》分为创建总体标准、支持措施、服务与保障、人才激励等4 个部分。创建总体标准部分，明确了新型研发机构的定义，提出黑龙江省新型研发机构业务范畴、运行机制等基本要求。支持措施部分，针对新型研发机构建设初期实际困难，提出给予初创期新型研发机构建设 200 万元支持资助；为提升新型研发机构运行成效和可持续发展能力，提出给予新型研发机构绩效后补助 300 万元支持；为充分激发新型研发机构开展创新活动和加大科技投入的活力，提出新型研发机构享受研发费用加计扣除和进口科研仪器税收优惠政策的支持措施。服务与保障部分，针对新型研发机构建设资金与用地需求，提出引导金融机构服务新型研发机构、优先保障新型研发机构建设发展用地需求等建设保障。人才激励部分，鼓励科研人员创办新型研发机构或参与合作，并提出由国家高层次人才领办创办且本人持股 10% 以上的新型研发机构，在初创支持和绩效后补助上给予 400 万元和 600 万元支持。

黑龙江省科技厅会同省财政厅共同制定发布了《黑龙江省促进新型研发机构发展措施实施细则（试行）》，对新型研发机构的备案条件、支持方式、申报程序及资金拨付、监督与绩效管理进行了进一步明确，通过财政资金引导，激发新型研发机构创新活力和可持续发展能力。

2. 开展新型研发机构备案工作

一是精准制定备案及评估指标体系。2021 年 3 月，黑龙江省科技厅对本省新型研发机构建设情况开展摸底调查。同时，赴东部沿海省市调研学习，就新型研发机构的认定标准、备案流程、管理模式、评估体系、创新举措等相关内容进行了交流和学习。

二是认真组织开展备案工作。2021 年 5 月，黑龙江省科技厅正式发布《关于开展 2021 年度省级新型研发机构备案申报工作的通知》，开启首批省级新型研发机构备案工作。通过市（地）科技局推荐、形式审查、专家评审、实地核查、会议研究、拟备案名单公示、拟支持公示等程序，确定对 17 家省级新型研发机构给予备案。

三是全面做好政策解读工作。黑龙江省科技厅利用网络直播平台、微信公众号等宣传手段，对《关于促进新型研发机构发展的措施》做了系统解读。

八、上海市

2019 年 2 月，上海市委、市政府出台《关于进一步深化科技体制机制改革 增强科技创新中心策源能力的意见》（"科改 25 条"），2019 年 4 月，上海市科委牵头起草制定《关于促进新型研发机构创新发展的若干规定（试行）》（简称《若干规定》），统筹推进区域各类新型研发机构的发展。具体包括以下内容。

一是明确机构范畴。将上海市新型研发机构定义为：开展基础与应用基础研究、产业共性技术研发与服务、科技成果转化与科技企业孵化等服务，具备灵活开放的体制机制、运行机制高效、管理制度健全、用人机制灵活的独立法人机构，包括实行新型运行机制的科研事业单位、科技类社会服务组织和研发服务类企业。

二是明确支持方式。①对于一般性的新型研发机构，科技类社会服务组织会直接登记，在申报政府科技研发和产业创新项目等方面享受企事业法人同等待遇；研发服务类企业，依照相关规定享受研发费用税前加计扣除等政策。②符合条件的科技类社会服务组织享受相关税收减免政策；通过第三方绩效评价，对符合条件的科技类社会服务组织和研发服务类企业等新型研发机构给予研发后补助。③对于从事战略性、前瞻性、颠覆性、交叉性领域研究的战略性科技力量，以政府投入为主的，可以事业单位属性按新型体制机制运行，不定行政级别，不核定编制数量，不受岗位设置和工资总额限制，实行综合预算管理，给予研究机构长期稳定持续支持，赋予研究机构自主权；以社会力量兴办的，可通过定向委托、择优委托等形式，予以财政支持。

2021 年《若干规定》有效期届满前，经过评估，市科委会同相关部门对《若干规定》的有效期作了延长，以便继续为新型研发机构的建设和发展提供制度保障。

九、江苏省

江苏省从 2009 年起，通过实施产学研联合重大创新载体建设项目形式支持新型研发机构发展。2013 年，江苏省政府成立了江苏省产业技术研究院，采用"总院＋专业研究所"的模式，围绕重点产业领域布局建设新型研发机构性质的专业研究所，为产业发展持续提供技术支撑。具体支持措施主要包括以下内容。

1. 优化新型研发机构发展环境

一是强化全局导向。2016 年，江苏省政府出台了"科技创新 40 条"政策，明确新型研发机构在政府项目承担、职称评审、人才引进、建设用地、投融资等方面可享受国有科研机构待遇，提出了有关优惠政策。

二是细化专项举措。2019 年，江苏省编办、省科技厅共同发布了《关于省级科研事业单位设立评估有关事项的通知》，将西北工业大学太仓长三角研究院等 19 家符合要求的新型研发机构纳入省级科研事业单位。2021 年，江苏省科技厅印发了《关于持续开展减轻科研人员负担 激发创新活力专项行动的通知》，制定了《省科技厅"减负行动 2.0"工作方案》和《省科技厅关于深入开展科技"三服务"行动的实施方案》，大力开展新型研发机构服务等行动；江苏省科技厅等五部门研究制定了《江苏省"十四五"期间享受科技创新进口税收政策的科研机构名单核定操作细则》，支持新型研发机构享受免征进口税收政策。

2. 加大新型研发机构扶持力度

一是设立支持新型研发机构建设的专项计划。在江苏省创新能力建设计划中设立新型研发机构建设专项，重点支持中科院和国内外著名高校院所等战略科技力量与地方共建、研发领域符合国家重大科技部署和江苏省发展需求、具备承担国家重大战略任务能力的新型研发机构落地建设。目前，共立项支持 108 家新型研发机构建设，安排省拨款近 10 亿元，带动社会总投入 140 多亿元。

二是开展普惠制的新型研发机构奖补。对符合条件的新型研发机构，按照其非财政经费支持的研发经费支出额度给予奖励，支持新型研发机构开展研发创新活动，累计奖补新型研发机构 174 家次、安排省拨经费 2.15 亿元。

三是面向新型研发机构开放省级科技计划项目。将新型研发机构纳入江苏省科技成果转化专项资金、江苏省重点研发计划、江苏省基础研究计划等项目申报主体范畴。

3. 发挥新型研发机构支撑作用

一是承担重大战略任务。支持有条件的新型研发机构进一步集聚战略创新资源、融入国家创新体系。

二是开展原创性基础研究。支持以新型体制机制运行的研发机构大力开展基础研究，获取原创性科研成果。

三是孵育产业创新集群。发挥新型研发机构的带动和集聚效应，聚焦产业发展，进一步吸引集聚创新资源和产业要素，完善创新服务链，为产业创新集群培育发展提供支撑。

四是服务企业创新发展。推动新型研发机构以企业需求为导向，积极开展合同研发、成果转化、技术服务、技术转移和人才培养。

十、浙江省

根据科技部《关于促进新型研发机构发展的指导意见》《中共浙江省委关于建设高素质强大人才队伍 打造高水平创新型省份的决定》等文件精神，2020 年 7 月，浙江省制定出台了《关于加快建设高水平新型研发机构的若干意见》，突出"新机制、新举措、新机构"，为全省新型研发机构的培育建设提供了制度保障。

按照"创建制"要求，浙江省坚持定性评价与定量评估相结合，委托第三方专业机构，聚焦"三个突出"，组织开展了首批 36 家省级新型研发机构评估认定工作。一是突出产业导向，"互联网 +"、生命健康、新材料三大科创高地领域共布局 31 家。二是突出上下联动，充分发挥各级政府主导作用，重点引进了北航杭州研究院、中科院基础医学所等一批聚焦基础前沿研究的高能级新型研发机构，以及宁波工业互联网研究院、西北工业大学宁波研究院等一批服务地方产业高质量发展的产业技术研究院。三是突出"四个一批"，综合采用引进共建、优化提升、整合组建、重点打造等建设方式，统筹存量与增量资源，分级分类推进新型研发机构建设。

十一、安徽省

2017 年以来，为进一步加快创新型省份建设，提高安徽省产业创新能力，安徽省科技厅开展了新型研发机构认定与绩效评价工作。

一是制定并修订了《安徽省新型研发机构认定管理与绩效评价办法》。要求申报省新型研发机构的单位要具备独立法人资格，拥有稳定的研发人员和研发投入，要建立适应市场化的运行机制等。并明确新型研发机构需积极开展产业技术研发活动，以解决产业共性关键技术问题为主业。

二是出台了安徽省新型研发机构支持政策。2017 年，安徽省人民政府制定出台《支持科技创新若干政策》（皖政〔2017〕52 号），将新型研发机构培育纳入政策奖补支持系列予以扶持。政策明确"开展新型研发机构认定管理，依据绩效情况，安徽省给予最高300 万元奖励"。2018 年出台《支持与国内外重点科研院所高校合作的若干政策》，明确加速推进安徽省内各市县与国际著名科研机构和高等院校、国家重点科研院所和高等院校、知名跨国公司实验室和国内行业龙头企业科研院所、知名科学家及其科研团队合作。政策支持"大院大所"在安徽省设立研发机构，开展研发创新、科技成果转移转化及交流合作。政策还明确，省内现有"大院大所"与各市、县（市、区）对接合作，其新设立研发机构、开展科技创新和成果转化活动等享受与境外、省外"大院大所"同等政策待遇。为促进区域协调发展，政策加大了对皖北三市、国家和省扶贫开发工作重点县（市、区）的支持。

按照《安徽省新型研发机构认定管理和绩效评价办法》，省级新型研发机构每两年参加一次绩效评价，评价指标包括体制机制、研发条件、创新活动、创新成果、成果转化、社会效益等 6 个方面，合格以上等次的仍列为省级新型研发机构，良好以上机构获得财政资金奖补。2019—2021 年，安徽省科技厅对年度评价结果为优秀或良好的省新型研发机构分别给予100 万元和 50 万元的奖励，共计 2710 万元。

十二、福建省

福建省从 2016 年下半年开始启动省级新型研发机构建设，主要支持措施包括以下内容。

一是建设主体多元化。坚持以市场化的导向推进省级新型研发机构建设，强调"必须具备独立法人实体资格，更加自如地行使科研自主权，更加灵活地适应市场需求变化"的同时，不问"体制和出身"，鼓励多元化发展，企业、高校、科研院所、社会组织等不同类型的单位都能成为新型研发机构的建设主体。

二是运营管理市场化。坚持以市场化的理念推进省级新型研发机构发展，不定机构级别、财政保障、人员编制、职称职数，政府和相关部门不背"包袱"，新型研发机构"轻装上阵"。新型研发机构凭借灵活高效的科研管理和运行机制，充分发挥市场机制的资源配置作用，瞄准产业化需求，确立明确的创新目标和研发导向，按照企业化的管理方式，自主实施科研项目攻关，加快推动科技成果转化，促进科技与产业更加紧密结合。

三是政策激励常态化。坚持以市场化思维推进省级新型研发机构政策体系建设，既要着力解决建设初期可能面临的"人财物"短缺的压力，又要注重构建长效激励机制。福建省政府 2016 年下半年出台了《关于鼓励社会资本建设和发展新型研发机构若干措施》，聚焦"企业技术创新能力不强、全社会研发投入不足"等短板，采取财政奖补、项目支持、用地优先、风投补贴、政府采购、人才引进奖励等 10 条措施，突出鼓励多元化主体建设和发展新型研发机构，引导和撬动社会资本积极投入科技创新领域。设立专项资金，按省级新型研发机构非财政资金购买科研仪器设备、软件经费的 25% 给予后补助，省级新型研发机构申报省级科技计划项目不受数量限制。2018 年，又出台《进一步推进创新驱动发展七条措施》，持续推进政策升级，给予新命名的省级新型研发机构一次性奖励 50 万元；支持行业领军企业在闽设立高水平研发中心，享受省级新型研发机构资助政策，且资助标准从原有按非财政资金购入科研仪器设备和软件购置经费 25% 的比例提高至 50%。

十三、江西省

江西省以重要政策文件出台为抓手，强化政策落实，加快新型研发机构发展。

一是注重政策引导。近年来，江西省相继出台《江西省政府办公厅关于加快新型研发机构发展的若干意见》《江西省新型研发机构认定管理办法》《江西省引进共建高端研发机构专项行动方案（2020—2025）》等政策文件，从加快发展、认定管理、合作共建等方面围绕江西省重点发展产业和地方优势特色产业构建新型研发机构，通过财政扶持、人才激励、科技金融、税费减免等手段助力新型研发机构发展。各设区市也结合本地实际，制定了相关扶持政策。例如，南昌市出台了《支持新型研发机构发展办法》《南昌市新型研发机构建设实施细则》，扶持新型研发机构发展。

二是积极推动与国内大院大所名校合作共建。启动与中国工程院共建"中国工程科技发展战略江西研究院"工作，推动省政府与西安交通大学开展全面战略合作，支持中国中医科学院江西分院落地建设。

三是加大资金扶持。支持新型研发机构开展研发活动、引进人才团队、建设创新平台、提升产业服务能力，对高端研发机构采取"一院一策、一事一议"的方式，给予重点支持。

四是搭建新型研发机构服务平台。近年来，江西省各地围绕产业需求，突出资源整合，围绕重点行业、专业领域的科技攻关和服务，为建设新型研发机构搭建了一批行业和产业公共科技创新服务平台。

十四、山东省

山东省自 2019 年启动新型研发机构建设工作以来，在政策制定、机构备案、绩效评价等方面开展了一系列工作。

一是制定配套政策措施。2019 年 1 月，印发了《山东省新型研发机构管理暂行办法》，加强对新型研发机构的建设和管理。2020 年 12 月，山东省科技厅联合省委组织部、省发展改革委等十部门制定了《关于支持新型研发机构建设发展的若干措施》，从项目申报、人才引进、税收减免、职称申报等 4 个方面提出了 13 条支持措施，加快推进山东省新型研发机构高质量发展，激发创新活力，提高创新链整体效能。2021 年 1 月，印发《山东省新型研发机构绩效评价办法》和《山东省新型研发机构备案标准》，规范和加强山东省新型研发机构建设、运行和管理，落实政策措施。

二是备案两批新型研发机构。2020 年 3 月，山东省科技厅发布了《山东省科技厅关于加快推进新型研发机构建设有关事项的通知》，于 2020 年 7 月和 12 月备案了两批新型研发机构，数量分别为 134 家、166 家。

三是开展绩效评价工作。2021 年 5 月，根据山东省政府《关于印发落实"六稳""六保"促进高质量发展政策清单（第一批）的通知》和《山东省新型研发机构绩效评价办法》等文件要求，开展了新型研发机构绩效评价工作，对 1 年来取得的成效进行了量化评分，经过地市自评、网评和现场考察 3 个评价环节，评选出 101 家成绩优秀的新型研发机构，对 29 家机构拟取消备案资格。

十五、河南省

河南省委、省政府高度重视新型研发机构建设工作，以推进产业链、供应链、创新链、要素链、制度链深度耦合为重点，以集聚创新人才为核心，以优化创新创业生态为根本，培育了一批专业化、市场化的新型研发机构。

1. 制度体系不断完善

2017 年以来，河南省先后出台了《郑洛新自主创新示范区 2017 年创新引领型机构专项行动计划》《河南省重大新型研发机构遴选和资助暂行办法》《河南省新型研发机构备案和绩效评价办法（试行）》《河南省关于扶持新型研发机构发展若干政策》《河南省赋予科研人员职务科技成果所有权或长期使用权改革试点实施方案》等文件，对新型研发机构的管理体制、组织模式、激励机制、成果转化机制等进行全方位优化，明确新型研发机构管理体制为理事会领导下的院（所）长负责制、聘用制和合同制；人员激励机制市场化（包括打破"铁饭碗"，以较高薪酬水平吸引高端创新人才，实行动态考核、末位淘汰等管理制度等），高效的创新组织模式（包括市场需求导向、产学研合作、逆向创新等）；灵活的成果转化机制（包括以孵化企业、所企合作和衍生企业等创业方式直接推进科技成果转化，引入风险投资，创业收益反哺科研活动等）；创新投资、引人用人、薪酬激励、业务发展等方面具有决策自主权，形成了支持新型研发机构建设的基础性政策体系。

2. 助力机构创新发展

针对河南省新型研发机构建设过程中面临创新投入较大、人才引进较难和运行成本较高等问题，《河南省扶持新型研发机构发展若干政策》在现有支持政策的基础上，从科技、土地、财政、税收、融资、人才等 6 个方面提出了 20 条扶持政策，把释放的政策红利惠及新型研发机构。

3. 加速科技成果转化

河南省不断加强顶层设计和主动引导，支持新型研发机构围绕河南省战略性新兴产业培育与主导产业技术创新需求，开展战略技术、前沿技术和关键共性技术研发，并加速从源头创新到新技术、新产品、新市场的转化。

4. 人才集聚新优势

在人才引进方面，河南省新型研发机构普遍采用市场化用人机制，面向国内外公开吸纳了一批高层次创新人才，吸引集聚了一批科技创新领军人才及高水平创新团队，构建了多层次的创新人才体系。据统计，全省新型研发机构累计汇聚"全职＋柔性"职工总数 7254 人，其中研发人员 5602 人。

十六、湖北省

近年来，湖北省聚焦重大创新发展战略需求，围绕重点产业领域，相继出台《湖北省新型研发机构备案管理实施方案》《湖北省产业技术研究院发展指南》《湖北省科技厅关于加快建设高水平新型研发机构的若干意见》等系列政策文件，引导和推动湖北省新型研发机构建设发展。瞄准世界科技前沿和湖北省"光芯屏端网"、生命科学、新能源、新材料、智能装备等重点产业领域，按照"引进共建一批、培育新建一批、优化提升一批、整合组建一批"的思路，省市县三级联动，高质量、高起点推进新型研发机构建设。

十七、湖南省

湖南省一是制定管理办法。颁布《湖南省新型研发机构备案管理办法》（简称《办法》）。对新型研发机构的定义、分类，省市职责分工，申报条件、流程，日程管理、绩效评价和支持政策等进行了明确，确立了 3 套体系：备案指标体系、动态监测体系和绩效评价体系。同时配套发布《湖南省新型研发机构管理办法》解读、《新型研发机构的疑难解答》，作为《办法》的诠释和补充。

二是严格把握备案原则。经组织专家评审、厅专题会研究、厅党组会审定，择优从申报推荐的单位中确定具有新型体制机制、聚焦科技创新需求、集科技创新人才培养企业孵化于一体、投资主体多元化、管理制度现代化、运行机制市场化、用人机制灵活化的独立法人机构备案。

三是跟踪服务指导帮建。指导备案新型研发机构对照科技部《关于促进新型研发机构发展的指导意见》和湖南省科技厅《湖南省新型研发机构备案管理办法》，精确分析自身特色优势，精准制定建设方案，明确总体思路、建设任务、进度安排、保障措施，建立科学的管理运营机制，并一对一下达备案批复。

四是积极争取政策资金支持。将湖南省新型研发机构建设写入《湖南省国民经济和社会发展第十四个五年规划和二〇三五年远景目标纲要》《湖南省政府工作报告》《湖南省"十四五"科技创新发展规划》，并将相关工作列入年度预算。

十八、广东省

广东省高度重视推进新型研发机构建设发展，为建设科技创新强省和促进粤港澳大湾区国际科技创新中心建设提供了支撑。

一是充分赋予机构自主权。2019年1月，广东省人民政府出台《关于进一步促进科技创新的若干政策措施》（粤府〔2019〕1号），提出促进新型研发机构高质量发展的改革措施，如授予事业单位性质的新型研发机构投资决策权，对省市参与建设的事业单位性质新型研发机构，省或市可授予其自主审批下属创投公司最高3000万元的投资决策权，以激发其创业孵化、成果转化的积极性。同时，试点实施事业单位性质的新型研发机构运营管理机制改革，允许新型研发机构设立多元投资的混合制运营公司，其管理层和核心骨干可采用货币出资方式持有50%以上股份，并经理事会批准授权，由运营公司负责新型研发机构经营管理；在实现国有资产保值增值的前提下，盈余的国有资产增值部分可按不低于50%的比例留归运营公司。2020年5月，广东省财政厅出台《关于进一步加大授权力度促进科技成果转化的通知》（粤财资〔2020〕31号），提出省级研究开发机构对持有的科技成果，可以自主决定转让、许可或者作价投资，除涉及国家秘密、国家安全及关键核心技术外，不需报主管部门和省财政厅审批或者备案，简化了科技成果作价投资的管理决策程序。

二是实施多项政策，助力新型研发机构高质量发展。2015年，出台《广东省人民政府关于加快科技创新的若干政策意见》（粤府〔2015〕1号），开展新型研发机构认定，并从研发、税收、用地、人才激励等方面提出扶持新型研发机构发展的意见。出台《关于支持新型研发机构发展的试行办法》（粤科产学研字〔2015〕69号），提出在能力建设、研发投入、人才引进、科研仪器设备配套等方面对新型研发机构给予支持，做好省级政策法规的配套落实，如省级新型研发机构可享有国有科研机构待遇，可作为省自然科学基金的承担单位，调动和发挥新型研发机构开展基础研究的积极性。2016年12月，《广东省自主创新促进条例》以立法的形式提出各级人民政府应通过各种形式对新型研发机构给予扶持，新型研发机构在政府项目承担、职称评审、人才引进、建设用地、投资融资等方面享受与国有科研机构同等待遇。2017年6月，制定全国首个省级新型研发机构管理办法《广东省科学技术厅关于新型研发机构管理的暂行办法》（粤科产学研字〔2017〕69号），规范新型研发机构的管理，促进新型研发机构发展。2015—2017年，对符合条件且未享受到进口科研仪器设备免税政策的新型研发机构，根据上年度进口科研用仪器设备金额给予一定比例的经费支持。2018年以来，一次性给予落地珠三角的机构不高于1000万元和落地粤东西北的机构不高于2000万元的支持，支撑地方引进高水平创新资源设立新型研发机构。对注册时间不超过 5 年的省级新型研发机构，根据其初创期投入的 10%，给予最高不超过 500 万元的初创期补助。

三是着力完善新型研发机构治理结构。推动新型研发机构实行理事会决策制、院长负责制等现代科研院所管理体制，建立并完善相关的内部控制制度，机构按内控制度确定的分工及职责，严格执行相关制度的审批和审核的程序，助力新型研发机构科学决策，为其建设发展保驾护航。当前正在修订《广东省新型研发机构管理办法》，明确新型研发机构一般实行理事会（或董事会）决策制和院长（或所长、总经理）负责制，可结合实际需求设立监事会，根据法律法规制定章程，依照章程管理运行。

十九、广西壮族自治区

近年来，广西壮族自治区积极发展新型研发机构。2020 年 5 月，广西党委办公厅、政府办公厅联合印发《关于进一步深化科技体制改革推动科技创新促进广西高质量发展的若干措施》，明确指出"大力发展新型研发机构"，对经认定的自治区新型研发机构给予财政经费支持，重点支持新型研发机构的培育与发展。

2020 年 10 月出台《广西新型研发机构奖励性财政补助实施办法（暂行）》，明确了新型研发机构的补助标准、资金发放及使用范围、部门职责、监督管理等；12 月出台《广西促进新型研发机构发展的若干措施》，从科技成果转化、高层次人才引进、科研仪器设备购买使用、用地保障、组织保障等方面制定了 15 条针对性和可操作性强的措施。2019 年 9 月，科技部印发《关于促进新型研发机构发展的指导意见》（国科发政〔2019〕313 号），对新型研发机构管理运行机制等提出了新的要求，为加强政策协同，广西对新型研发机构管理办法进行修订，于 2021 年 7 月正式印发实施。

二十、海南省

海南省委、省政府在"十三五"期间出台系列政策文件，面向海南省产业发展需要，提出优化省级创新平台布局，支持国内外高等院校、科研院所和企业建设一批新型研发机构、中试与转化基地、技术转移转化中心，并将新型研发机构定义为投资主体多元化、建设模式国际化、运行机制市场化、管理制度现代化，具有可持续发展能力，产学研协同创新的独立法人机构。

海南省科技厅自 2015 年开始设立专项促进新型研发机构建设和发展，并于 2021 年印发《海南省关于促进新型研发机构发展的实施意见》。

二十一、重庆市

重庆市于 2015 年启动新型研发机构发展工作，工作主要包括两个方面。

一是 2020 年依据发展需求制定了《重庆市引进科技创新资源行动计划（2019—2022 年）》（渝府办发〔2019〕126 号），进一步完善修订了 2016 年出台的《重庆市新型研发机构培育引进实施办法》（渝科委发〔2016〕129 号），并修订出台了《重庆市新型研发机构管理暂行办法》（渝科局发〔2020〕137 号），明确了对新型研发机构的经费、人才、成果转化等方面的支持政策。

二是 2021 年重庆市科学技术局、财政局、民政局、海关、税务局联合印发《关于核定全市享受"十四五"期间支持科技创新进口税收政策的科技类民办非企业单位性质和事业单位性质的社会研发机构名单的实施办法》（渝科局发〔2021〕81 号），明确经重庆市科技局和各区（县）认定的事业单位性质的新型研发机构，根据绩效情况给予经费支持，并引导其联合本地龙头企业、高校和科研院所开展协同创新，共同实施重大科技计划任务，对特别重大的高端研发机构，可"一事一议"给予支持。

二十二、四川省

为加快推动省级产业技术研究院的建设发展，四川省先后出台《四川产业技术研究院建设方案》《四川产业技术研究院管理暂行办法》《四川省产业技术研究院认定方案（试行）》《四川省产业技术研究院备案工作指引》等多个关于产业技术研究院的政策办法。

同时，在科研院所改革方面，四川省印发了《四川省科研院所改革总体方案》、《深化科研院所改革试点推进方案》（川委厅〔2016〕24 号）、《分组推进科研院所"一院一策"改革试点工作方案》（川办函〔2018〕15 号），按照分组分类推进原则，坚持"一院一策"，强化督促指导，由科研院所的行政主管部门、相关省级职能部门（单位）组成 8 个工作组，积极推进包括新型研发机构等在内的 4 类科研院所改革试点。

二十三、贵州省

2020 年，贵州省正式启动新型研发机构培育建设工作，先后以贵州省委办公厅、省政府办公厅和省科技创新领导小组名义提出了相关支持政策措施。

2020 年 1 月 19 日，印发《关于深化项目评审、人才评价、机构评估改革的若干意见》（黔党办发〔2020〕2 号），提出："鼓励组建投资主体多元化、管理制度现代化、运行机制市场化、用人机制灵活的独立法人新型研发机构。支持高校、科研事业单位的科研人员参与或入股新型研发机构。新型研发机构在承担全省各级财政科研项目、人才引进、创新基地建设等方面，可同时享受面向科研院所、企业的资格待遇和扶持政策"。

2020 年 8 月 10 日，印发《贵州省新型研发机构支持办法（试行）》（黔科领发〔2020〕2 号），明确：对符合标准的新型研发机构，除适用科技部《关于促进新型研发机构发展的指导意见》的政策措施外，在省级科研机构创新能力建设项目支持方面，视同贵州省省属自然科学研究机构，可申请贵州省科研机构创新能力建设专项。对贵州省重点产业和领域发展有重大意义的新型研发机构将采取"一事一议"给予支持或布局建设。

二十四、云南省

经云南省政府同意，云南省科技厅、云南省民政厅、云南省市场监管局、云南省人力资源社会保障厅联合印发《云南省促进新型研发机构发展实施方案》（云科联发〔2021〕7 号，以下简称《实施方案》）。《实施方案》明确，云南省将按照系统布局、统筹协调，改革创新、先行先试、目标导向、稳定支持的原则开展新型研发机构培育发展工作。聚焦现代化产业体系建设与发展中的重大科技需求，重点建设与云南省重点产业发展相应的科研机构体系。积极探索具有云南特色的新型研发机构发展路径，形成可在全省复制推广的模式。在生物医药、高端装备、能源、绿色食品、数字经济等重点产业领域，培育 50 家左右国内领先或特色鲜明的新型研发机构。

云南省科技厅印发《关于申报 2021 年新型研发机构培育对象的通知》：一是开展为期 3 年的集中服务和重点扶持。根据入库机构的研发基础、研究方向和发展目标等综合评估情况，按照当年建设投入经费（包括科研场地、人才引进、运行维护等费用）的 10%，给予不超过 300 万元的资金支持。此项措施是根据新型研发机构设立前期的运行维护支出需求给予的扶持政策。二是落实科研人员"双聘制"，探索高端、紧缺科技人才"多点执业"。三是对上年度非财政经费支持的研发经费支出额度给予不超过 30% 的研发后补助，年度补助经费最高 300 万元。对上年度非财政经费支持的科研仪器设备支出额度给予不超过 30% 的研发后补助，年度补助经费最高 200 万元。四是支持科技前沿或重点领域企事业单位在国外和省外布局建设新型研发机构，通过绩效评价，对发挥重大支撑作用的机构适用与省内新型研发机构同等扶持政策。五是建立共享大型科研仪器设备协调机制，改变以往建立虚拟共享平台的方式，通过建设实体化共享平台的方式，提高大型科研仪器设备的利用率和共享率，为产业技术创新提供科研基础条件支撑。

二十五、陕西省

陕西省科技厅结合区域实际，从项目、平台、资金、人才等方面给予新型研发机构全方位支持服务。

考核奖励方面，陕西省科技厅委托第三方机构对已认定的新型研发机构进行动态管理，以创新质量为重点组织开展绩效评估，具体包括成果转移转化、科技型企业孵化、体制机制创新等。评估优秀的，给予不超过 100 万元后补助奖励；评估结果不合格的，予以 1 年期整改，整改后仍不合格的予以摘牌。鼓励各市、县（开发区）给予一定配套支持。

项目支持方面，陕西省"百项科技成果转化行动"项目将新认定的陕西省新型研发机构作为依托单位列入申报指南范围，符合条件的技术团队优先被纳入陕西省科技创新团队项目重点支持范畴。

人才支撑方面，对陕西省新型研发机构急需的海内外高层次科技人才、科技职业经理人、创新创业人才，根据《秦创原引用高层次创新创业人才项目方案》，优先给予支持。

资本投资方面，技术团队可按其现金出资额度的 20% 申请省科技成果转化引导基金或其子基金出资支持，股权退出时，优先回购给技术团队。

双向补贴方面，根据《陕西省中小企业研发服务平台促进科研服务实施细则》（陕科发〔2020〕6 号）有关内容，陕西省新型研发机构通过中小企业研发服务平台注册，可作为委托方和受托方提供或购买技术服务，享受相应补贴。

二十六、甘肃省

甘肃省主要从 3 个方面开展支持新型研发机构发展工作。

一是优化政策环境支持新型研发机构发展。2018 年 10 月出台《关于建立科技成果转移转化直通机制的实施意见》，提出建设新型研发机构。2020 年 1 月出台《甘肃省促进新型研发机构发展的指导办法（试行）》，明确省级新型研发机构的定位、条件。2020 年 9 月出台《甘肃省人民政府关于进一步激发创新活力强化科技引领的意见》，支持世界企业 500 强、中国企业 500 强、民企 500 强、独角兽企业、国内外一流高等学校和科研院所等，到甘肃省设立独立法人新型研发机构，按其新增研发仪器设备的 10%，最高给予 2000 万元的资助建设经费。2021 年 7 月出台《关于深化科技体制机制改革创新推动高质量发展的若干措施》，规定每年对新型研发机构进行动态绩效评价，对前 5 名给予每家最高 200 万元的奖励。

二是集聚创新资源推动新型研发机构发展。推动新型研发机构完善治理结构，落实章程管理，实行理事会、董事会决策制和院（所）长负责制。鼓励符合条件的新型研发机构按照要求申报国家和省级科技重大专项、重点研发计划、自然科学基金等各类政府科技项目、科技创新基地和人才计划。

三是立足产业发展加快新型研发机构发展。鼓励新型研发机构聚焦甘肃全省产业发展技术需求，实施核心关键技术攻坚行动，面向关键环节补齐短板，面向产业变革锻造技术长板，为打好产业基础高级化、产业链现代化攻坚战提供有力支撑。

二十七、青海省

结合省情实际，出台《青海省关于优化科技创新体系提升科技创新供给能力的若干政策措施》（青办字〔2020〕76 号）等文件，促进青海省新型研发机构发展。

同时，为进一步规范新型研发机构的认定管理，实现可持续发展，青海省科技厅起草了《青海省促进新型研发机构发展指导意见（初稿）》和《青海省新型研发机构奖励性财政补助实施办法（暂行）（初稿）》，细化明确新型研发机构认定标准。

二十八、宁夏回族自治区

制定出台《宁夏回族自治区新型研发机构备案支持暂行办法》（宁科规发〔2021〕7 号，以下简称《办法》），从经费支持、项目资助、税收享惠等多个方面助力新型研发机构发展，探索欠发达地区创新发展新路径。

一是在顶层设计中融入"三个更加"的特征，即"更加贴合市场需求，更加根植产业发展，更加突出区域合作交流"。相比传统研发机构来说，其"新"突出表现在以下 3 个方面：一是机构建设模式新，即建设主体多元化。《办法》鼓励引导各级政府、企业与区内外高等院校、科研机构、企业和社会团体以产学研合作形式创办新型研发机构，鼓励大型骨干企业组建企业研究院等新型研发机构。二是管理运作机制新，即管理体制现代化。《办法》规定，多元投资成立的新型研发机构，原则上应制定章程，依照章程管理运行。三是战略规范定位新，即研究方向市场化。《办法》明确，新型研发机构的功能定位要符合国家和自治区经济社会发展需求，具有清晰的发展目标和战略规划，在前沿技术研究、工程技术开发、科技成果转化、高端人才集聚、科技企业孵化、公共技术服务等方面有鲜明特色和显著优势。

二是加大对本地新型研发机构的扶持力度。《办法》对于首次备案的新型研发机构，根据其建设投入一次性给予不超过 200 万元经费支持；对上年度非财政支持的研发经费支出，自治区按照 20% 的比例给予补助，单个机构每年不超过 500 万元；对上年度购置的科研仪器、设备和软件经费，自治区按 30% 的比例给予补助，单个机构每年不超过 500 万元，补助期限不超过 3 年。同时，对自治区重点支持的新型研发机构，以及国家级科研机构、高校、知名科学家、海外高层次人才团队等来宁建设新型研发机构的，采取"一事一议、一院一策"方式进行支持。

二十九、新疆维吾尔自治区

起草《新疆维吾尔自治区新型研发机构认定管理办法》（以下简称《管理办法》），对新型研发机构的认定条件、政策支持、评估管理等方面进行了明确表述。一是明确了《管理办法》制定的宗旨依据、新型研发机构的总体定位及概念内涵；二是明确了新型研发机构的认定条件、申请程序及申请提交的必备材料；三是明确了新型研发机构认定有效期及政策支持 6 条措施，包括加大财政支持力度、加强科研支持、激发创新活力、促进成果转化、落实人才配套政策和实施土地税收优惠；四是对新型研发机构进行绩效评估，并根据考核名次分别给予奖励，明确在新型研发机构发生重大事项变化时，应及时向自治区科技厅报备。

三十、新疆生产建设兵团

开展调研摸底。新疆生产建设兵团（以下简称"兵团"）带领兵团科技局领导及相关工作人员实地考察了石河子市协同创新研究院有限公司、新疆至臻化工工程研究中心，以及石河子高新区新型研发机构建设发展情况，并召开座谈会，进一步听取石河子高新区管委会及有关单位的意见建议，研究推动兵团新型研发机构发展的思路措施。

强化宣传引导。2020 年 4 月，为扩大新型研发机构相关政策文件的知晓率，将《关于促进新型研发机构发展的指导意见》编入《科技政策法规文件汇编》，并通过线上线下相结合的方式进行公开发布，供各科技管理部门、科研院所、高等学校和科技型企业的科技工作者参阅，激发广大科技工作者推进新型研发机构建设的积极性。

加强制度保障。为进一步加强对新型研发机构支持力度，推动新型研发机构健康有序发展，兵团科技局结合兵团实际，草拟了《兵团新型研发机构管理暂行办法》，着力推进兵团新型研发机构的申报、备案、管理、服务和激励等工作。

三十一、大连市

大连市出台《大连市支持科技创新若干政策措施》，提出"对在人工智能等新兴产业重点领域建立的开放式研究院等新型研发机构，每年每个研究院最高给予 3000 万元资金支持"，出台《大连市新型研发机构认定管理办法》，进一步规范新型研发机构培育和管理工作。吸引国内外知名企业、高校、科研院所在大连设立产业技术研究院、创新中心等新型研发机构，指导新型研发机构结合国家、省、市经济社会发展需求和科技创新发展趋势，开展科技研发活动，促进科技成果转移转化，孵化培育科技型企业，集聚高层次人才、各类金融资本。鼓励新型研发机构实行企业、高等学校、科研机构、政府、投资机构等多方共同参与的投入机制，探索理事会（董事会）决策、院所长（总经理）负责的现代化管理机制，根据法律法规和出资方协议制定章程，建立完善内部章程，依照章程管理运行。新型研发机构承担大连市本级财政科技计划项目、科技人才项目、创新载体建设、科技成果转化项目，享受面向高校科研院所、企业的资格待遇和扶持政策。例如，大连市政府分别与大连理工大学、大连医科大学联合组建了大连理工大学人工智能大连研究院、大连干细胞与精准医学创新研究院，支持研究院建立科学化的研发组织体系、决策机制和内控制度，完善人员招聘自主化、薪酬激励市场化、收益分配企业化的引人和用人机制。在创新研究方面，研究院可自主确定研发选题，动态设立调整研发单元，灵活配置科研人员、组织研发团队、购置调配科研设备，给予研究院更为宽松、灵活的研究与发展环境。建立完善科学的绩效考评体系，突出创新质量和贡献，科学合理设置评价指标，在研究院建设起始阶段，重点评价研究院体制机制创新、人才引育、服务企业能力等。

三十二、宁波市

宁波市委、市政府大力推进新型研发机构建设工作，重点实施以产业技术研究院（以下简称"研究院"）为代表的"栽树工程"。宁波市支持新型研发机构的主要做法体现在以下几个方面。

一是开展研究院科技体制改革试点。2019 年 12 月印发《关于开展宁波市产业技术研究院科技体制改革试点工作的通知》，充分发挥市场在科技资源配置中的决定性作用，着力破除产业技术研究院发展过程中的体制机制障碍，分类实施，大胆突破，激发活力，推动形成促进研究院综合实力和服务创新发展能力提升的发展机制。主要在科技成果所有权激励、科研经费包干制与科技经费公开、科技项目定向委托、科技金融试点 4 个方面开展试点。根据研究院建设发展特点，将中国兵器科学研究院宁波分院、西北工业大学宁波研究院、宁波杭州湾新材料研究院等作为试点，探索建立体制机制改革"政策特区"，对研究院充分放权赋权。在人才管理方面，鼓励研究院开展绩效工资改革，支持研究院开展职称自主评价试点；在经费管理方面，探索实行项目经费"包干制"试点，扩大研究院经费使用自主权和使用范围；在资产处置方面，支持研究院对科技成果转化资产处置，按照公开透明的原则自行确定，提升科研人员创新积极性。

二是大力推行理事会（管委会）领导下的院长负责制。对 2018 年以来引进建设的研究院大力推行理事会（管委会）领导下的院长负责制，根据有关法律法规和共建协议制定研究院章程，依照章程进行管理运行。研究院根据实际情况，建立战略咨询委员会、学术委员会等议事机构，完善内部组织架构，制定财务预算、人事管理、科研项目等内部管理制度。

三是加强精准政策支持。制定出台《关于加快产业技术研究院发展改革的若干意见》《宁波市产业技术研究院建设专项行动计划》《宁波市产业技术研究院建设与发展管理办法（试行）》《宁波市产业技术研究院绩效管理办法（试行）》。在主体责任、引进落地管理、建设运营管理、政策支持等方面做好规范指导。压实目标任务，对标对表精准推动建设，与 16 家重点研究院及其所在区县（市）科技局签署年度目标任务，明确三方责任，督促研究院扎实推进建设。开展研究院分类绩效评价，根据评价结果实施优胜劣汰机制，倒逼研究院加快建设发展。建立研究院信息动态监测机制，定期向市政府、属地政府和相关市直单位通报建设进展，帮助各方实时了解研究院情况，及时解决发展困难，促进形成良性发展态势。

四是做好要素保障和服务。加强场地保障，充分保障研究院过渡场地、中试基地等空间需求，研究制定市领导联系重点研究院制度、产业技术研究院联席会议制度，保障研究院重大问题和需求及时反馈、精准协调。例如：研究实施新一轮"甬江引才工程"，打破常规遴选方式认定研究院优秀人才团队；建立研究生培养报备员额制度，为研究院以事业法人单位注册提供支撑；建立研究院建设服务工作专班，推动形成研究院问题需求联动破解机制，先后破解研究院建设场地、团队落户、资金不足等诸多瓶颈制约。

三十三、厦门市

厦门市针对区域重点产业发展需求，大力引进和建设了一批新型研发机构。

一是赋予新型研发机构自主权。厦门市鼓励国内外知名高校、科研院所、企事业单位和社会团体等各类主体在厦设立新型研发机构，并要求机构投资主体多元化、建设模式国际化、运行机制市场化、管理制度现代化，鼓励产学研协同创新，具备可持续的发展能力。对重点培育的新型研发机构实行"一所一策"，根据各行业领域特点，设立不同的建设目标、考核内容和扶持政策，在内部管理、科研创新、人员聘用、成果转化等方面充分赋予新型研发机构自主权。

二是出台政策扶持新型研发机构发展。鼓励知名高校、科研院所和龙头企业在厦设立研发机构，孵化培育科技企业支撑未来产业发展。2019 年 7 月，厦门市科技局、财政局出台了《新型研发机构管理办法》，并于 2020 年 9 月重新修订公布，对认定为新型研发机构的给予 100 万～ 500 万元的建设经费补助，对以非财政资金购入的科研仪器、设备和软件购置费给予 50% 的后补助，单一机构最多可获得 6500 万元的资金补助。同时，制定了引进大院大所大企在厦设立研发机构"一事一议"的条件和程序，规范了特别重大研发机构引进工作，并给予"一所一策"的方式享受落地启动经费扶持，后续兑现科技政策各类奖补经费。强化对新型研发机构的支持，鼓励其牵头组织联合攻关、搭建公共科技平台、实施重大产业化项目、申报高校院所产学研项目等，从科技计划项目、成果转化等方面给予新型研发机构更多针对性支持。

三是推动新型研发机构完善治理结构。2021 年 8 月 13 日，厦门市科技局出台《厦门市新型研发机构管理办法政策操作规程》（厦科合〔2021〕8 号），明确并细化了新型研发机构原则上应实行理事会、董事会决策制和院长负责制，根据法律法规和出资方协议制定机构章程，并依照章程管理运营，指导和推动新型研发机构实行章程管理、理事会决策制、院长负责制。

四是创新工作模式，补齐创新链条。创新市区联动培育模式，市级出"首付"、区级付"按揭"、产权归区里，即厦门市科技局根据厦门市产业发展需求布局，提出人才团队、知识产权、成果转化等创新指标要求，每个重点产业或未来产业布局 1 ～ 2 个大型研发机构，避免重复建设，厦门市科技资金每年设立培育新型研发机构专项资金，支持大院大所名企来厦设立研发机构，后续兑现科技政策各类奖补经费；各区主要提出新培育企业数、产值、税收等经济指标要求，提供年度运行费用补贴，以及办公用房、人才房、子女入学等支持。

三十四、青岛市

近年来，根据国务院及省政府有关促进新型研发机构发展要求，青岛市先后制定新型研发机构相关政策措施，积极推动新型研发机构健康有序发展。

一是加强新型研发机构制度建设。2020 年 11 月，青岛市出台《青岛市新型研发机构管理暂行办法》，明确新型研发机构主要特征和备案申报条件程序，定期组织开展新型研发机构备案工作，并对备案新型研发机构进行培育、指导、考评和动态管理。备案后，新型研发机构在职称评审等方面享受市属科研机构相关政策，进口仪器设备按相关进口税收政策规定享受免税。

二是强化新型研发机构政策支持。①设立高端研发机构引进专项。出台了《青岛市科学技术局高端研发机构引进管理办法》，对符合规定的研发机构给予专项资金支持，总额最高不超过 3000 万元。②着力多方共建研究机构。2020 年 1 月，中科院、山东省、青岛市三方共建山东能源研究院，着力打造国家级能源创新平台；2020 年 12 月，青岛市政府与山东产业技术研究院共建山东产业技术研究院（青岛）。③设立产业"智库基金"。2014 年，青岛市在科技计划体系中设立智库联合基金，由青岛市科技专项资金与社会资金共同出资成立，重点用于资助高校、科研院所等研发机构开展具有产业化应用前景的基础研究。目前已建立 10 支子基金，5 支依托高校院所等研发机构进行管理，5 支依托企业进行管理。④建设公共研发平台。2017 年出台《青岛市科学技术局公共研发平台管理暂行办法》，该办法对符合条件的平台最高给予 5000 万元专项资金支持，专门用于平台仪器设备购置。2019 年出台《青岛市科技局公共研发平台管理规程》，每年对公共研发平台进行评估，对评估优秀的平台给予适当的后补助奖励。

三是创新科技成果转化机制。支持新型研发机构参与创建"半岛科创联盟"，构建区域科技创新共同体。以胶东经济圈一体化发展为契机，青岛市推动成立"半岛科创联盟"，聚集胶东五市高校院所、新型研发机构、行业骨干企业、金融机构等相关平台资源，通过"平台化聚合＋互联网化服务＋市场化运营"，常态化开展产学研对接活动。

三十五、深圳市

近年来，深圳先后出台了一系列政策支持科研机构的发展，目标明确，支持力度大，其主要做法体现在以下几个方面。

一是在财政方面形成按机构长期稳定投入与按项目竞争性投入等政策手段。加大对基础研究的投入，以立法形式规定"市政府投入基础研究和应用基础研究的资金应当不低于市级科技研发资金的 30%"。按机构整体运营经费方式（区分于传统项目资助方式）对广东省实验室、基础研究机构等予以稳定支持，在预算编制、经费使用、设备采购等方面赋予新型研发机构充分自主权，目前深圳市科技研发资金已累计资助约 80 亿元。同时鼓励新型研发机构坚持市场化规则建设和运营，充分利用国家和地方现有人才、空间、金融政策，争取竞争性经费支持，并通过成果转移转化等多种方式积极引进社会资本投入。

二是在场地空间方面不断加强对新型研发机构的保障。为鹏城实验室、深圳湾实验室、深圳电子材料国际创新研究院等提供场地空间保障。

三是从管理体制、经费、采购等方面出台政策不断规范新型研发机构的管理。包括《关于进一步规范和发展事业单位、社会团体及企业等组织利用国有资产举办事业单位的通知》《关于进一步规范事业单位、社会团体及企业等组织利用国有资产举办的事业单位采购管理的通知》等。

附件二　国外新型研发机构典型案例

一、美国制造创新研究院

（一）基本情况

美国制造创新研究院（National Institute of Manufacturing Innovation）是承载美国国家制造业创新网络（National Network of Manufacturing Innovation，NNMI[①]）的重要载体，定位于开展市场化应用性研究、试验性开发、商品化试制，为企业提供技术成果和应用示范服务，推动科技成果转化和产业化。截至 2021 年年底，NNMI 在美国已经建立了 16 个制造创新研究院，其中，国防部（DoD）资助的制造创新研究院 9 个，能源部（DoE）资助的制造创新研究院 6 个，商务部（DoC）资助的制造创新研究院 1 个[②]。制造创新研究院在机构组建、决策机制、运营模式等方面都与我国新型研发机构有共通之处。

根据先进制造国家项目办公室发布的《国家制造业创新网络（NNMI）绩效评估指南》，2017 年美国制造创新研究院在促进产学研合作、降低研发成本方面成效显著。同时，NNMI 计划开展以来，美国制造业情况已出现好转趋势。例如，有新的工厂开始运行，投资有所增加，就业的人口数量增长，制造业就业人口从 2010 年开始至 2020 年增加了 100 万人左右。

（二）运行特色

在机构设立布局方面，先进制造国家项目办公室是国家制造业创新网络的主要管理者，其主要职责是对各制造创新研究院进行统一管理，拟定实施共同的政策、战略规划和规章制度等。2013 年美国总统执行办公室、国家科学技术委员会、先进制造国家项目办公室联合

[①] 2014 年，美国议会通过了复兴美国制造业创新法案（RAMI），赋予商务部部长建立和协调制造创新网络的权利，即 NNMI 计划。NNMI 计划由国家财政支持，致力于提升美国先进制造业实力和加强美国先进制造业领导地位，旨在创造一个竞争性的、有效的和可持续发展的科研到制造体系。

[②] 数据来源：Manufacturing USA Highlights Report 2021。

发布《国家制造业创新网络的初步设计》，明确了制造创新研究院的选择、建立、管理、运营、资助、宣传等工作机制和流程。2014 年美国颁布《振兴美国制造业与创新法案》，将国家制造业创新网络以法律的形式确定下来。2016 年美国商务部、总统行政办公室、国家科学技术委员会、先进制造国家项目办公室联合向国会提交了国家制造业创新网络的首份战略规划。

在机构组建方面，制造创新研究院一般由非营利机构主导，政府、学术界和企业界共同参与建设运营。各制造创新研究院的建设费均是由政府资本和社会资本共同承担，先进制造国家项目办公室要求社会资本部分不得少于政府资本。一般政府首先出资 7000 万～12 000 万美元作为引导资金，吸引社会资本进入，然后逐渐退出。例如，数字设计与制造创新研究院，联邦政府投入 7000 万美元，吸引社会资本投入 2.48 亿美元。且 NNMI 计划囊括的制造创新研究院一开始就被联邦政府设定了退出机制，政府在制造创新研究院的投入计划一般是以 7 年为周期，然后退出。且制造创新研究院一般都是学术机构牵头，而非企业，最大限度推动"共性技术"而非竞争性技术的发展。

在运营经费来源方面，不仅有联邦政府拨款，还有会员费、服务收费、研发收费、社会捐赠等。其中，会员费是其重要收入来源，各制造创新研究院均实行会员制度，各级别会员需缴纳对应等级的会费，同时可以享受相应的权益。以国家增材制造创新研究院为例，其将会员分为铂金、金和银 3 个等级，其中铂金会员等级最高，需缴纳 20 万美元 / 年。铂金会员不仅可以免费使用研究院的专利、设施及支持的技术等，还可以参与制定技术战略、项目指南及技术路线图等。截至 2020 财年，NNMI 一共有 2013 个成员。62% 的成员是制造商，制造商中的 72% 是小企业；高等院校和科研机构占 23%；联邦、州和地方政府机构及非营利组织占 15%。

在项目研发方面，制造创新研究院聚焦于技术成熟度在 4～7 的研究成果。制造创新研究院经过广泛征求大学、研究院所、大企业、中小企业等各方意见，反复调研，引入多方成员进行评估，确定技术领域。其次是设计技术路线图，规划未来一段时间在该技术领域的发展路径。最后以项目的形式落实技术发展路径。制造创新研究院面向会员和社会发布资助项目，由学术界、企业界联合组成项目团队进行项目申请实施。每个项目团队由 1 个牵头单位和多个参与单位组成，项目成员来自企业、学校、国家实验室、行业协会等各方单位，高度体现产学研合作关系。例如，"开发能够实现增材制造蜂窝机构高效设计的拓扑优化工具"项目由匹兹堡大学牵头，成员来自 ANSYS、联合技术公司研究中心、ExOne 公司、GE、美铝公司、材料科学公司、陆军航空导弹研发工程中心、ACUTEC 精密加工公司等 8 家单位。

二、欧洲创新与技术研究院

（一）基本情况

欧洲创新与技术研究院（European Institute of Innovation and Technology，EIT）由欧盟委员会于 2008 年 7 月推动设立，总部设在布达佩斯。EIT 的宗旨是：整合欧盟各国高等教育机构、企业及研究机构的研发创新资源，建立公私伙伴合作机制，实现欧盟产学研用无缝对接，探索有效促进研发成果转化、实现科技卓越的道路，促进欧洲研究区建设及科技融合，增强欧盟竞争力。EIT 为独立法人实体，是欧洲最大的创新生态系统，拥有 2000 多个合作伙伴。

（二）运行特色

统筹多方资源共建决策管理体系。EIT 设有管理委员会和执行委员会。管理委员会是 EIT 的最高管理和决策机构，负责宏观战略规划、监督评估及经费预算等重大事项的决策管理，由来自高校、科研机构、企业的 22 名委员组成；执行委员会负责执行管理委员会的决策，由管理委员会中的 4 名代表委员组成，主席由管理委员会的主席兼任。此外，EIT 下设知识创新利益共同体（Knowledge and Innovation Communities，KICs），是 EIT 的运作核心。针对不同社会挑战，EIT 共创建了 6 个 KIC 协同创新平台，分别是"EIT 数字化创新"联盟、"KIC 气候"联盟、"KIC 可持续性创新能源"联盟、EIT 健康卫生创新联盟、EIT 原材料创新联盟和 EIT 食品创新联盟。通过 KICs，EIT 目前培育形成超过 60 家创新驿站，超过 3100 个项目从 EIT 计划中毕业，开发了超过 1170 个新产品新服务，有 3200 个项目得到风险投资支持，风投金额超过 33 亿欧元，新增了超过 1.3 万个就业岗位[①]。

构建多元经费来源渠道。在 EIT 层面，其运行经费来源于欧盟财政资金支持、私有企业投入、慈善机构捐款等。自 2008 年 EIT 成立以来，欧委会每年提供财政经费 3.09 亿欧元，用于支持 EIT 的日常管理、知识转移、网络建设、创业培训项目等。而 KICs 层面的经费来源则更加多元化。一般来说，EIT 提供 KICs 总经费的 25% 作为种子资金，其余 75% 由 KICs 自筹，包括申请成员国国家教育或研究理事会资助、欧盟竞争性资金、企业及私人基金会赞助等。这种多元的经费来源渠道有利于机构在运行发展中围绕创新视角关注多方的需求和利益。

建立"知识三角"协同创新模式。EIT 组建的 KICs，与传统的研发创新机构相比，不同之处在于建立了连接整个创新链条，包括教育、科研和企业等各创新主体在内的利益共

[①] 数据来源：欧洲创新与技术研究院官网 https：//eit.europa.eu/。

同体，形成了涵盖教育、科研和创新三大知识创新领域的"知识三角"。KICs 作为一个独立法人实体运作和管理，对进入共同体的各利益攸关方的责、权、利进行了严格规范，从而使合作伙伴关系更为稳定。且 KICs 根据项目需要，还与欧洲区域研究创新网络（European Regions Research and Innovation Network）建立了广泛合作，与 90 多个欧洲区域的政府和区域组织、企业和私有组织开展广泛领域的合作研究与创新。KICs 的合作创新机制，为应对和解决关键社会挑战问题开辟新的途径。

形成高层次创新与创业复合人才培养模式。EIT 以追求卓越和创新为导向，着力通过教育催化项目培养 ICT 领域人才的创新创业精神和能力。已在新能源、可再生能源、智能城市建设等方面的硕士和博士生培养中授予带有 EIT 标签的优质课程质量证书。通过 KICs，已有超过 1900 名学生学习了包括科学和企业核心知识的创新课程。

三、比利时微电子研究中心

（一）基本情况

比利时微电子研究中心（Interuniversity Microelectronic Center，IMEC）是纳米电子和数字技术领域的世界领先研究与创新中心，成立于 1984 年，是比利时联邦政府与弗拉芒大区政府共同支持的研发机构。IMEC 长期致力于共性技术开发，吸引创新用户，围绕共性技术开发，在医疗、智能城市和交通、物流与制造、能源和教育等应用领域实现了突破性创新，汇集了来自 85 个以上国家的 4000 多名科研人才。2001—2020 年，IMEC 在半导体产业突破性技术开发、基础研究成果转化方面取得了积极进展，在半导体器件类别下拥有 4987 件专利，专利价值度[①] 世界领先。IMEC 年收入超过 1.2 亿欧元，均来自其他合作者的授权协议及合约，包括弗拉芒（Flemish）政府及公司、MEDEA+、欧洲航天局、设备原材料厂商，以及世界各地的半导体和系统厂商。

（二）运行特色

以机制设计保障机构运行的中立和独立。IMEC 的最高管理机构是董事会，为保证中立性，在董事会中，约 1/3 是产业界代表，1/3 是高校教授，1/3 是政府官员，体制设计体现出"产学官"特性。此外，IMEC 还邀请微电子领域的国外专家设立科学顾问委员会，为董事会

---

① 指量化的专利价值。

的决策提供学术建议。

调动多方主体和资源协同创新。一是将研发方向瞄准产业竞争前技术，以此来吸引企业广泛参与。二是促进学科与产业的互动，IMEC 作为核心组织广泛构建合作网络，搭建多边合作平台。鼓励来自世界各地的大学博士生和研究人员加入公共研究中心，致力于特定领域的重大突破性技术的研发。2010 年，除 IMEC 自有研究人员（约 1000 名）外，有 520 名来自 60 个不同国家的客座研究人员在 IMEC 的实验室进行研究，其中包括 344 名来访的产业研究人员。IMEC 还发起成立学术团体，以学术会议和在线交流方式共享公共技术信息，弥补理论缺陷，形成良性互动，推动基础研究价值向产业价值转化。三是充分利用政府资源。比利时弗拉芒地方政府自 1984 年 IMEC 成立以来，每年给予其资金支持，IMEC 利用政府资金进行长期的基础研究积累，将政府投入转化为技术成果，再通过技术转移到达产业界，通过税收等形式回馈政府，真正实现创新链良性循环，促进了微电子行业持续发展。

构建基于知识产权的产业生态。IMEC 在 1992 年开始实施产业联盟计划（Industrial Affiliation Program，IAP），大多数 IAP 围绕半导体产业突破性技术展开。IAP 的基本原则是开放共享自有知识，对于不同的合作伙伴制定具有针对性的条款，将知识产权的所有权和使用权分离。通过共同打造可再用的"竞争前战略技术"平台，使各个合作伙伴参与研发，选派研究人员加入 IMEC 研究小组共同工作，在平台上持续形成自己的技术产品，解决共性技术难题，形成市场竞争优势。

四、英国弹射中心

（一）基本情况

英国弹射中心（UK Catapult Centers）启动于 2010 年 10 月，由英国政府资助、英国技术战略委员会（Technology Strategy Board）建设，定位于世界级技术创新中心。中心旨在促进英国的科技成果产业化，加快打造科技与经济紧密结合的技术创新体系。目前，已建成 11 个弹射中心，主要包括高价值制造（High Value Manufactureing）、细胞与基因疗法（Cell and Gene Therapy）、运输系统（Transport Systems）、近海可再生能源（Offshore Renewable Energy）、卫星应用（Satellite Applications）、数字化（Digitals）、未来城市（Future Cities）、能源系统（Energy Systems）、精准医疗（Precision Medicine）、医药研发（Medicine Discovery）、复合半导体应用（Compound Semiconductor Applications），计划在 2030 年之前建设 30 个中心。

作为英国创新系统的重要组成部分，弹射中心在破解创新难题方面发挥着重要作用。弹射中心坚持企业导向，紧密结合英国基础研发优势，有效整合英国创新资源，服务英国高端创新优先领域发展战略。根据英国弹射中心官网统计 [①]，弹射中心年度总投入 10 亿英镑，2019 年在职员工 4712 人，产业合作项目 14 750 项，学术合作达到 5108 项，已成立 1131 家大学实验室和 4091 家企业实验室，支持中小企业 8332 家，运行的世界一流创新基础设施价值 13 亿英镑，合作伙伴遍布全球 24 个国家，国际化成果高达 1218 件。

2021 年 4 月 6 日，英国商业、能源和产业战略部（BEIS）发布《2021 "弹射中心" 网络评估》，指导弹射中心加强研发能力，确保 "弹射中心" 网络继续为英国创新行业和产业提供重要支持。

（二）运行特色

治理体制方面，英国弹射中心虽然由英国政府倡导设立，但并不从属于政府，是以英国技术战略委员会为主导，在不同领域采取 "政府 + 企业" 模式建立的非营利机构。各弹射中心属于独立实体，是自主经营的非营利机构，在中心协议和政策目标范围内自主运营，允许根据客户不断变化的需求和业务基础调整经营。每个弹射中心以企业为主导，包含用户和该技术领域专家的管理委员会，负责自身业务规划、自身资产负债、设备管理、设施所有权及知识产权。各中心治理结构组成包括：委员会主席，即董事会主席，其人选必须同时具备创业精神、工业经验和学术基础 3 个方面能力；技术战略委员会，由执行董事处理其内部管理事务；监督委员会，由来自不同行业具有高级从业经验的人员组成，以咨询身份对技术战略委员会和为中心网络运行提供建议。

经费来源方面，2010 年秋季，英国政府投入超过 2 亿英镑的公共资金，2011—2015 年的建设期内，资助建立 7 个弹射中心，由英国创新署负责整体项目实施和监管。2013 年，7 个弹射中心投入运营，公共部门和私人部门投资共计超过 10 亿英镑。资金的 1/3 来自与企业签订的创新合同，属于竞争性资金；1/3 来自合作研究与开发项目，也属于竞争性资金；另外 1/3 来自英国创新署核心公共投资，即政府直接拨款，由技术战略委员会提供，投资额度为 500 万 ~ 1000 万英镑 / 年，投资周期为 5 ~ 10 年。3 种平行的资金来源渠道使竞争性资金与非竞争性资金相结合，同时，大量的产业资金收入，有效避免了弹射中心为获得英国创新署公共投资而投入太多精力和资金，避免了弹射中心与学术机构直接竞争，同时也能避免财政资金紧缩时所导致的资金风险。

---

① 数据来源：英国弹射中心官网 https：//catapult.org.uk/。

知识产权分配方面，英国弹射中心的知识产权机制有助于加快新技术的商业化、促进英国高技术产业发展。特点表现为：一方面是灵活和协作的知识产权管理，即每个中心拥有专业的知识产权管理方法，每个技术领域和部门的详细方法各异，目标是鼓励协作，运用灵活安排以适应不同规模合作伙伴和不同企业用户特定情形，并支持中心为客户提供现有知识产权；另一方面是透明和开放的知识产权管理，中心采用透明和开放的管理模式，确保在项目中创造的新知识产权可以授权客户使用。

品牌塑造方面，政府在设立弹射中心网络之初就对品牌进行了战略规划，明确品牌目标和导向，旨在通过塑造独特的中心网络品牌，将其作为与英国科学创新密切联系的"英国制造""英国创造"象征，在全球范围内建立起品牌卓越影响力。品牌名称设计过程中广泛征集专家和社会意见，进而反映价值主张和品牌承诺。

五、美国斯克利普斯研究所

（一）基本情况

斯克利普斯研究所（Scripps Research）成立于 1924 年，为美国最大的私营、非营利生物医学研究机构，专注于生物医学科学研究和教育。研究领域涵盖免疫学、分子和细胞生物学、化学、神经科学、自身免疫性疾病、心血管病学、病毒学和合成疫苗等。研究所总部位于加利福尼亚州拉霍亚，在佛罗里达州特设分支机构。研究所依托每年联邦和州政府的 2.95 亿美元拨款，以及社会捐赠等，持续开展基础研究和应用研究的产业化活动。

截至 2021 年，研究所拥有 200 多个实验室，2400 多名科学家、技术人员、研究生、行政人员及其他工作人员，诞生了 5 名诺贝尔奖获得者。在 2020 年高被引研究人员名单上占据全球 15 个名额，占全球总量的前 1%。在美合作伙伴超过 1100 家。所属 200 多个实验室致力于开发新疗法，生产的 10 种获批药物使全球数百万人受益，30 余种候选药物正在研制当中。

（二）运行特色

研究所以生物科学领域的基础研究见长，但同时也通过组织机制设计，促进科技创新与产业融通发展。

构建科学研究与成果转化应用的交互机制。首先，研究所设有化学、免疫学、微生物学、分子医学等 5 个基础研究部门，上述部门科学家更加专注生物医学基础科学问题的研究及教育。其次，研究所成立了诸多研究中心，通过集合资源，在美国国家卫生研究院和其他机构的支持下，围绕特定疾病相关科学问题开展有针对性的研究，如针对艾滋病毒、西非传染病的研究等。再次，研究所成立了转化研究所，通过汇集基础科学家和临床研究人员，促进高度协作的多学科研究，推动个性化医疗保健的发展。最后，成立了专门的机构（Calibr），该机构基于研究所的独特科学框架，形成了先进的药物发现和开发能力，通过与研究所基础研究部门、研究中心、转化研究所等合作，加速药物开发和应用。

以专门组织促进科技成果转化。研究所通过技术开发办公室（Office of Technology Development，OTD）统筹相关资源，促进研究所重大成果的转化和商业化。包括组织 Calibr 运行、构建合作联盟、整合资源、支持创业衍生等。自 1980 年以来，研究所已经创建了 80 多家衍生公司。

六、德国弗劳恩霍夫应用研究促进协会

（一）基本情况

德国弗劳恩霍夫应用研究促进协会（Fraunhofer-Gesellschaft zur Förderung der angewandten Forschung e. V.，简称"弗劳恩霍夫"）成立于 1949 年，是欧洲最大的应用研究科研机构。弗劳恩霍夫在德国设有 1 个总部、76 个研究所和研究机构，同时在欧洲、美洲、亚洲及中东地区设有国际研究中心和代表处。截至 2020 年年底，拥有员工约 2.9 万人，其中研究、技术和管理人员超 2 万人[①]。弗劳恩霍夫的目标是成为具有强大开发潜力的、面向未来研究领域的领导者，主要研究领域包括生物经济、数字医疗、人工智能、下一代高性能计算、量子技术、氢能技术、资源效率及气候技术等。

（二）运行特色

以构筑产业创新发展支撑为功能定位。作为一家非营利性科研机构，弗劳恩霍夫聚焦于以共性技术为主的应用型研究，主要包括两大类：一类是面向产业界现实需求，围绕企业发展中所遇到的技术难题，提供技术和产品研发服务；另一类则是依托协会自身强大的研发实力，面向未来产业开展导向性研究。

多元化和多层次的组织架构。弗劳恩霍夫的组织结构主要由会员大会、理事会、执行委员会、学术委员会和高层管理者会议等组成。会员大会由协会成员组成，是协会的最高权力

---

① 数据来源：Fraunhofer Annual Report 2020。

机构，每年定期召开一次。理事会是协会的最高决策机构，由来自世界各地的科技界、工业界人士及来自政府的代表共同组成，成员由会员大会选举产生。执行委员会是协会的日常管理机构，执行委员会的4名成员中有2名是知名科学家或工程师，1名是有经验的商业管理人士，1名则在公共服务部门担任过高级管理职务。学术委员会是协会的内部咨询机构，由协会各研究所所长、研究所高级管理人员及每个研究所选举出的科研人员代表组成。高层管理者会议是协会管理运行的协调机构，由执行委员会成员和7个学部的负责人组成，每季度举行一次例会。研究所是协会的基层单位，通常具有相当的独立性，进行独立核算，协会极少干预其运营。在协会和研究所之间，还设有学部层级，其基本功能是协调同一学科领域里不同研究所之间的交流与合作，实现科研资源的共享与高效利用。

多元经费来源结构。弗劳恩霍夫的经费主要包括非竞争性经费和竞争性经费两种类型。前者占比25%～30%；后者占比70%～75%。这种经费结构既通过竞争性经费激励其开展产业导向的研发活动，也通过非竞争性经费维持机构的科研独立性，保证研究所对高风险、研发周期更长的前沿技术、基础性研究的投入。

"合同科研"合作机制。弗劳恩霍夫为企业及其他服务对象提供科研服务的方式主要为"合同科研"合作机制，企业就具体的技术改进、产品开发等提出需求，委托有关研究所开展有针对性的研发，并支付研发费用。2020年全年28亿欧元经费中的86%（24亿欧元）以上来自"合同科研"。协会从产品研发需求分析到系统设计，再到产品原型开发，为客户开发量身定制的系统性解决方案，增加其产品在市场上的核心竞争力，研发完成后将成果转交给委托方。

灵活开放的用人机制。弗劳恩霍夫各研究所所长均由所在地的大学教授担任，且大部分所长都曾经担任一些大企业董事或研究发展部主任，从而有效地将当地产业界科技需求、大学科研能力和研究所科技开发活动紧密结合起来。协会对科研人员的管理具有流动性和项目化的特点，协会所属研究所实行固定岗与流动岗相结合的人员管理方式。协会大多数科研和技术人员都是合同制员工，协会一般与新进人员签订与承担项目周期一致的定期合同，合同期限一般为3～5年。

七、欧洲卓越水技术可持续发展中心

（一）基本情况

欧洲卓越水技术可持续发展中心（European Centre of Excellence for Sustainable Water Technology，Wetsus）成立于2003年，致力于促进水处理技术的突破性创新，通过联通高校与企业，促进企业和科研机构多学科合作，加强关联性和集群效应，实现创新、合作和商业转化，推动解决全球水环境问题。中心拥有 53 名教授，268 个博士培养项目，出版著作 854 部，拥有 93 件专利，全球学术和产业合作伙伴达 130 家 ①。

（二）运行特色

开展市场驱动型科学研究。Wetsus 组织实施市场驱动、面向应用、多学科且具有竞争力的可持续性水技术研发。作为公共平台，Wetsus 科研项目课题由水务相关领域的公共机构和私营机构来决定，有两个企业支持是课题立项的一个重要考量标准。项目由一流大学和科研机构开展，并制定专门的知识产权保护政策，以实现技术成果"研发—转化—孵化—产业化"全链条创新。通过这种方式，Wetsus 将科学卓越性与商业相关性结合起来。

以小型项目团队建立高度信任合作机制。项目执行过程中，技术研究院科研人员双聘借调到 Wetsus 进行研究，由来自全球的博士生作为项目具体实施群体，项目成员企业选举一人为项目经理，而 Wetsus 则任命一个项目协调员，负责项目的组织、监督及成员间的沟通。项目成员企业对后进入的企业拥有一票否决权，这使得研究小组企业成员通常由用户企业、跨国企业、配件供应商、技术咨询企业及初创企业组成，不存在同质竞争关系。通过项目小组运行机制，Wetsus 将科学家、博士生、企业群体紧密联系起来，形成高度信任的小型团体，保护和强化了各成员之间的利益。这种机制的优势在于，一旦有突破性科技成果，可以快速孵化，并在全链条推广应用。

多学科交叉合作研究。水技术的很多专业技术通常在应用于其他领域后，作为衍生品，再应用于水处理领域。鉴于此，Wetsus 通过科研项目将来自不同国家、不同技术研究院、不同学科的专家紧密联系起来，共同在 Wetsus 实验室解决产业界提出的问题。这种多学科交叉合作研究，形成了更大的科研创造力和商业潜力。

八、日本产业技术综合研究所

（一）基本情况

日本产业技术综合研究所（National Institute of Advanced Industrial Science and Technology，AIST）成立于 2001 年，由日本通商产业省所属工业技术研究院和全国 15 个产业技术领域研究

---

① 数据来源：欧洲卓越水技术可持续发展中心官网 https://www.wetsus.nl/about-wetsus/。

所整合而成，为具有独立行政法人资格的研究所，是日本最大的国家研究机构，旨在成为大学与企业之间的"桥梁"，连接从基础研究到新产品开发的全方位研究。截至 2020 年 7 月，AIST 员工总数为 2975 人，共有专职研究人员 2281 人，分属于能源环境、信息与机械设备、材料与化学、生命科学、电子与制造、地质海洋、计量与标准等 7 个学科领域；另有访问研究员 264 人，博士后研究人员 202 人，技术人员 1494 人，行政人员 694 人；此外还有兼职研究员 4935 人，其中来自大学 2347 人、企业 1689 人、其他法人机构 899 人 [1]。

（二）运行特色

围绕科研活动特征设置组织架构。改制后的产业技术综合研究所实行理事长负责制，理事长担任法人代表，管理人员及职员由理事长任命；监事负责业务监察，与理事长形成积极互动平衡的关系。二者均由主管大臣任命。理事长的直属部门包括规划本部、业务推进本部、评估部及环境安全管理部。其中，规划本部负责辅佐理事长策划研究所综合的经营方针及研究方针；业务推进本部负责辅佐理事长进行业务效率化方针的规划、立案及实施；评估部负责辅佐理事长对研究所组织整体及研究实施部门进行评估。在理事长之下，研究组织架构包括研究管理部门、研究实施部门及研究关联部门。其中，研究实施部门主要负责开展科研工作，主要包括 3 类研究组织：一是有一定时间期限的研究中心（通常为 7 年），每年需要完成明确的考核目标，并对预算和人事等研究资源具有优先权，研究中心主任全权负责中心运营，按照自上而下的方式进行管理；二是自下而上的研究院组织，主要任务是保持 AIST 的技术潜力和开发新的技术领域，研究院的存续时间没有具体限制，目标是保持连续行动，以实施 AIST 的中长期战略；三是短时效的研究实验室，主要是为了推进具体的研究项目，特别是那些跨领域的项目，以满足政府的急迫需要。

多元的资金来源和自由的分配方式。AIST 的资金来源渠道较宽，除了由政府按照规划下拨的大部分经费，研究所还通过与产业界的合作研究或委托研究获得经费，并可以通过技术转移机构进行技术授权以获得企业的资金支持。政府下拨经费由理事长管理，在确保重要研究计划开展的基础上，面向 AIST 所有研究人员开放申请通道。研究人员可以结合所内发展方向，提交课题申请、参与竞争以获取经费。此外，研究人员也可以参加外部竞争并获取研究经费。AIST 将研究经费预算制度改为决算制度，政府下拨的研发经费不受会计法及国有资产法限制，可以跨年度使用，目的是方便研究计划的规划与调整，有利于集中资金聚焦

---

[1] 数据来源：AIST 官网 https://www.aist.go.jp/aist_e/about_aist/facts_figures/fact_figures.html。

于重要研究计划。政府对 AIST 采用企业会计制度，即以民营企业的方式进行运作，赋予其财务自主权，同时不要求 AIST 按照民营企业那样自负盈亏。

严谨的研究主题确定机制和研究成果评价机制。AIST 遴选研发项目时注重技术优势及对产业的辐射潜力。采用前景预测法进行技术预测，分析政府、产业和社会的需求，选择最优结果，提出研究主题。战略目标和研究主题由产业界和经济产业省高层讨论，由上而下确定，AIST 的技术预测分析结果应和产业需求适应，而后对于战略目标与研究主题，再通过 AIST 上层管理者和员工之间的讨论达成共识。在成果评估方面，法人化改革后日本政府对 AIST 进行有条件拨款，要求必须完成政府中长期发展规划明确的目标。政府委托第三方进行年度和中期目标评估，评估标准由注重"效率"向注重"成果"转变，评估内容主要包括路线图评估、主要产出评估和内部管理评估。在评估方法上，采用专家评估和基础数据监测相结合的方式，一旦规划不能如期完成或成效较差，政府将依据法律减少或停止经费的拨付。

重视高层次人才引进与激发研究人员积极性。AIST 通过聘用国外研究员、邀请国外著名学者来 AIST 访问、派员到国外研究机构及高校研究访问等方式，确保掌握先进技术、新兴技术信息，目前已同麻省理工、斯坦福、剑桥等大学，中国科学院、法国国家科学研究中心、美国国家标准与技术研究院等研究机构建立了合作关系。此外，AIST 积极引进、吸收具有不同技术和文化背景的研究员开展合作研究，加强与产业界的合作，大量引进博士后研究员和企业研究员，加快吸纳多领域人才。在薪酬激励方面，AIST 享有较大的自主权。在经济产业省确定工资总额的前提下，有权决定内部人员的工资分配。在保障科研人员工资水平相对稳定的条件下，AIST 面向所有员工实行差别工资和浮动工资制度。对理事长实行年薪制，但全年中前两个月工资为浮动工资（由评估委员会评估决定），职工全年的收入相当于 16 个月的工资（其中有 1～4 个月评价工资属于浮动工资），既保证了科研人员收入的相对稳定性，又有效调动了 AIST 科研人员的积极性和主动性。

附件三 国内新型研发机构典型案例

报告结合地方科技管理部门推荐，并综合考虑新型研发机构管理运行状况、辐射带动作用、改革经验典型性等因素，选取 30 家机构作为典型，就其发展状态、建设经验和发展成效等情况进行分析和介绍。

一、北京量子信息科学研究院

（一）基本情况

北京量子信息科学研究院（以下简称"北京量子院"）于 2017 年 12 月成立，是由北京市政府联合中国科学院、清华大学、北京大学等高校院所共同组建的事业单位类新型研发机构。北京量子院实行理事会领导下的院长负责制。薛其坤院士和向涛院士联合担任院长。北京量子院以建设世界一流新型研发机构为目标，面向世界量子物理与量子信息科技前沿开展研究，解决量子科技相关高端材料、核心技术等关键问题，在推动北京国际科技创新中心建设和我国量子科技事业的发展中积极发挥作用。

目前，北京量子院已取得丰富的创新成果。例如，超导量子计算团队已搭建完成一套完整微纳米加工流水线，产出北京量子院自主知识产权的芯片，并向公众发布了北京首个超导量子计算云平台；高温超导团队通过制备具有原子级平整界面的高质量约瑟夫森结，发现铜氧化物中 s- 波配对占主导地位，该结果颠覆了铜基高温超导是 d- 波配对的主流认识；低维量子材料团队制备了世界首个单层Ⅳ－Ⅵ族二维材料面内异质结，并观察到了对二维铁电材料电极化的量子调控效应；拓扑量子计算团队制备出国内第一个基于超导－半导体纳米线的量子比特；量子直接通信团队成功研制出国际首台量子直接通信原理样机，并作为全国科技创新中心建设的重大成果之一，在 2020 年中关村论坛发布；全光量子源团队已完成世界首台桌面同步辐射光源样机部署，并启动医疗领域的应用研究。截至 2021 年 10 月，北京量子院已累计在 *Science* 及 *Nature* 系列国际顶尖期刊发表了 40 篇论文。

（二）机制与模式创新

顶层设计与战略谋划。北京量子院聚焦量子信息科学核心领域重要科学问题与关键技术，在自由探索模式基础上，突出重大目标导向。面向量子信息科技多领域交叉的挑战性与复杂性进行前瞻布局，积极应对该新兴战略科技焦点发展的国际趋势，对创新资源进行调配部署，力争快速集中力量开展研发。

制度建设与保障。北京量子院尝试从体制上解决传统科研事业单位行政化管理的问题，探索简化预算编制、下放科研自主权、知识产权和科技成果转化等改革与创新，提高科研组织效率。

人才引进与团队建设。北京量子院探索"兼聘兼薪"新机制，与共建单位、国内外知名高校院所开展人才共享与兼聘。探索了兼聘研究员在不改变所属单位编制身份前提下"全时全薪"在北京量子院工作的模式。在聘任人才时，不唯职称、学历、论文、奖项等各种帽子，针对建设目标和重点任务，注重人才科研学术能力与潜质。北京量子院专、兼职人员已达 338 人，组建了超导量子计算、超快光谱学、低维量子材料、量子直接通信、原子系综精密测量等 18 支科研团队。

产学研协同创新。北京量子院积极促进产学研深度融合和协同创新，开展应用场景对接和适配，与企业共同探索技术应用和产品化方向，推进企业、高校和科研院所共同参与量子科技基础研究和应用研发，提高量子科技理论研究成果向实用化、工程化转化的速度和效率，加快量子领域前沿技术产业化进程。例如，已与清华大学联合组建量子直接通信和全光量子源 2 支技术应用研发团队，启动相关成果产业化工作。

二、北京协同创新研究院

（一）基本情况

北京大学、清华大学等 13 所高校于 2014 年 8 月创建北京协同创新研究院（以下简称"协同院"），旨在通过产学研深度融合，将科学技术转化为生产力。协同院为民办非企业类公益法人，实行理事会领导下的主任负责制；以重大基础研究成果产业化、原始创新为核心使命，构建全球化协同创新体系，培育专业平台、研发原创技术、培育新兴产业、培养创新人才。协同院以北京为基础，在美国硅谷、英国、中国香港设立分院，以智能制造、光电、材料、医疗器械、生物医药、环境保护等为重点领域，建成了 5 个专业研究所、6 个联合研究所（实验室）和 6 个产业协同创新中心。

目前，协同院与约 20 所全球一流大学建立了官方合作关系，在京津冀、广东、浙江等地组建了多个技术创新平台及产业化基地。聚集了 100 多名世界一流学者，组建了 200 多人的高水平专职工程技术团队，每年培养创新创业研究生约 200 人。截至 2020 年年底，已累计实施科研项目 171 项，其中具有国际领先或先进水平的项目约占 40%，初步成为具有国际影响力的基础研究成果产业化基地。

（二）机制与模式创新

协同院按照大学与大学协同、大学与产业协同、创新与创业协同、创新与教育协同、中国与全球协同的发展理念，初步形成大学"育种"、中心"育苗"、企业"育材"、区域"成林"的发展格局。

建立全球创新网络，拓展前沿学术能力。与北京大学、清华大学、北京航空航天大学、北京理工大学、南开大学、天津大学等共建大学深度融合，与一批世界一流大学建立官方合作关系，聚集世界一流科学家，按照专业方向组成国际协同实验室，及时根据前沿科学最新进展，布局具有引领性的前沿技术，抢占未来创新制高点。

三元耦合协同攻关，强化技术加速能力。建立专业研究所攻关、产业协同创新中心运营、知识产权基金决策的工程技术发展机制。项目提出后由协同创新中心评估、推荐；由政府、企业共同组成的知识产权基金市场化决策和领投，政府财政资金自动配套资助；研究所专职工程技术人员根据任务需要，与大学教授组成多专业联合攻关团队，加速进行中试放大和产业化。通过"研究所—协同创新中心—知识产权基金"三元耦合协同机制，增强技术加速能力。

整合社会经营资源，提升产业培育能力。通过"我创新你创业计划"，面向社会公开招募高水平运营团队，以成果入股共同组建创业企业，培育产业新生力量。通过"中小企业协同创新工程"，将成果以技术增资或许可的形式注入已有企业，推动其加速发展。通过"龙头企业整合创新工程"，与大企业联合攻关全产业链关键技术并实施产业化，培育产业集群。通过"技术＋团队"或"技术＋企业"模式，实现优势互补，加速成果产业化。

深化创新教育协同，培养知行合一人才。采取"双课堂、双导师、双身份、双考核"模式与国内外大学联合培养创新创业研究生。学生在大学学习专业理论课，在协同院学习创新创业课，并以真实项目为基础组队进行创新创业训练，由大学学术导师、中心创新导师联合指导，学生对照全职人员获取报酬并分享成果转化收益，按照理论成绩与实际效果决定是否授予学位。通过将学生自然流动与技术有序转移相结合，提高了成果转化的成功率。

专业产业耦合联动，促进区域协同创新。按照"专业"维度建设研究所，着力整合全球高端创新资源，研发原始技术，培育新兴产业。分部按照"产业"维度建设技术创新中心，依托院本部的全球化创新能力，多专业协同攻关全产业链关键技术，推动成果转化应用，推动产业升级。通过差异化布局和"专业—产业"耦合机制，促进区域间创新链与产业链融合，实现要素共享和产业聚集。

责任共担利益共享，高效融合多方目标。实现成果技术转移后，优先将收益的 50% 以上分配给团队，剩余部分由大学、出资人、协同院分享。通过收益共享，把原始技术输入方（大学）、接续研发及转化方（中心及团队）、资金提供方（创新基金和其他投资方）结为责任共同体、利益共同体。

三、中科空间信息（廊坊）研究院

（一）基本情况

中科空间信息（廊坊）研究院（以下简称"廊信院"）是廊坊经济技术开发区管理委员会联合中国科学院空天信息创新研究院（原中国科学院遥感与数字地球研究所，以下简称"空天院"）于 2017 年成立的独立法人事业单位。廊信院本着发展卫星应用战略新兴产业，推进产业转型升级，建设智慧城市，实现科技服务共建共享的建院宗旨，围绕空间信息产业、卫星应用和建设智慧城市等方面的科技需求，形成了以空间信息技术创新、行业应用服务和关键技术产业化为主要内容的协同创新平台，打造了高端科技人才聚集地、关键技术研发孵化地和创新成果转移转化地。

（二）机制与模式创新

廊信院具有廊坊经济技术开发区临空经济与京津冀协同发展的核心区位优势，在空天院遥感卫星应用国家工程实验室科研团队和研究成果的支撑下，以专业化发展带动产业链高质量发展为理念，围绕京津冀地区大智移云产业、卫星应用和建设智慧城市等方面的科技需求，以"研究院＋企业"的创新模式运作。

廊信院实行理事会领导下的院长负责制，下设科学的管理体系，建立了现代化管理办法和机制，最大限度地发挥资源配置与利用效用。为打造创新服务与绩效的 3 个基础能力（驱动力、过程和绩效），建立了一套有效支持研究院发展战略的绩效管理体系。

项目运作与科研发展方面，充分发挥航空航天领域产业创新的优势，在当前空间基础数据服务能力蓬勃发展的基础上，不断扩展外部应用领域，主要以课题组与管理部门相结合的形式，形成矩阵式管理结构，以市场为导向进行研发工作。从科技到产业进行多元化产业布局，不断改善科研条件，促进产学研协同创新与一体化发展。

四、天津先进技术研究院

（一）基本情况

天津先进技术研究院（以下简称"研究院"）成立于 2014 年，是天津滨海新区自收自支的事业单位，位于天津滨海高新区。研究院以国家战略需求为牵引，瞄准核心关键领域自主可控，围绕电子信息及网络信息安全等领域开展技术研究。研究院深耕国产芯片和操作系统，重点突破集成电路和安全操作系统相关核心技术，建有测试认证中心、自主可控适配中心等服务平台，提供计算机系统软硬件适配服务，推动国产软硬件生态体系建设。同步开展北斗短报文、自主物联网相关产品研发，提供测试认证服务，推广行业应用。

研究院建设运行 6 年多来，聚焦信创领域，努力打造高水平的科研队伍，开展科技协同创新，通过成果转化构建了"飞腾 CPU+ 麒麟操作系统"（"PK"体系）；培育的飞腾、麒麟公司发展为信创领域的领军企业，打造了"中国架构，世界标准"，成为我国信息安全领域实现真正自主可控的一面旗帜。

（二）机制与模式创新

构建"校政企"三位一体的协同创新模式。研究院依托国内高校、地方政府、优势企业，探索构建起了"校政企"三位一体的协同创新模式，即高校院所提供全方位的技术、人才和智力支持，地方政府提供政策、环境、资金和配套支持，优势企业为成果转化及产业化提供服务保障。例如，根据我国信息化建设和信创产业发展需要，瞄准产业核心关键共性技术，组建成立了"PK"体系技术研发、智能感知协同创新中心，实施高性能处理器、操作系统、物联网智能感知、北斗卫星导航等重点项目研发。同时，围绕丰富"PK"体系创新领域及应用场景组建若干创新团队，为相关产品及应用在进入市场前提供大规模的应用验证。

实行首席科学家负责制。为推动创新团队建设，赋予科研工作者更多自主权，研究院积极探索实行首席科学家负责制。各创新团队设首席科学家一名，负责团队科技创新过程中的整体规划管理。首席科学家由研究院面向社会择优招聘相关领域学科带头人担任。

探索人才联培联用机制，加强人才队伍建设。研究院积极推动与天津大学、电子科技大学等国内高校共同开展研究生联合培养，打造高层次科技人才培养基地。研究院成立人才服务机构，面向社会招聘优秀科技人才为高校教学科研服务。积极吸引高端人才来津创业，为研究院、飞腾、麒麟、鲲鹏等单位核心队伍建设提供有力支撑。研究院建设博士后工作站，吸引博士入站工作，加强人才梯队建设。

助推信创产业生态建设，支撑区域创新发展。通过建好建强国家专用信息设备应用示范天津基地、支撑天津信创谷论证与建设、共建天津信创云适配平台、成立信创产业（人才）联盟等方式，促进信创产业生态的建设发展。

五、吉林省绿色食品工程研究院

（一）基本情况

吉林省绿色食品工程研究院地处吉林省长春市，成立于 2001 年 3 月，主要为农林、轻工、食品等领域的企业提供产品在研发、中试生产、小规模生产、产业化生产、成果转化、技术改良等阶段的系列全过程技术服务及国际交流与合作服务。被认定为吉林省健康食品产业公共技术研发中心、吉林省省级工业设计中心、吉林省技术转移示范机构。聚集国内外科研团队、专家学者、知名企业及相关科研成果等资源，开展研究活动，并搭建东北亚生物科技创新交流平台等网络平台，建成促进互联互通、资源共享和业务协同的技术转移服务网络平台，服务科技成果转化工作。

（二）机制与模式创新

一是制定了《研发项目组织管理制度》《研发投入核算财务管理制度》《研发人员绩效考核奖励制度》《企业人才引进管理办法》《科技成果转化的实施与奖励制度》等；配备专业人员，提供相应的研发条件，主要开展农产品加工和食品工业领域的新产品研发、生产工艺优化、小试及中试等试验研究任务。为保证研究开发活动顺利开展，按照制度对项目进行过程控制与考核。

二是强化了产学研相结合的技术创新体系，与数家中韩高校、科研院所建立良好的合作关系，搭建国际产业技术交流平台，促进技术交流，服务于省内企业，实现互惠共赢。

三是加强科技人才队伍建设，建立人才引进及评价机制，制定人才晋升、激励等政策措施。

六、大连理工大学人工智能大连研究院

（一）基本情况

大连理工大学人工智能大连研究院（以下简称"研究院"）注册成立于 2018 年 11 月，是由大连市政府与大连理工大学协商共建的新型研发机构，是隶属于大连市政府的独立法人事业单位。场地面积约 3000 平方米，成立资金 2510.2 万元。主要从事产业共性关键技术研究、科技成果转化与孵化、科学技术服务、人才引进与培养等工作。研究院获批辽宁省新型研发机构、辽宁省科技成果转化政策激励试点单位。

研究院秉持"科技引领、赋能产业、协同发展、智创未来"的理念，大力引进国内外人工智能领域高端人才，打造可持续发展的与大连产业需求紧密结合的人工智能研发平台、产业转化平台、技术服务平台与培训服务平台。累计引进高层次创新团队 25 个，孵化科技型企业 25 家。复杂工业软件测试技术等方面的成果显著，取得自主知识产权 200 余项。累计签订技术项目合同额 6000 余万元，带动就业 200 余人，各项税收贡献 300 余万元，带动经济效益超 10 亿元。

（二）机制与模式创新

机制体制创新。研究院设有管理委员会、专家委员会、院务会。管理委员会作为研究院的最高决策机构，负责战略、投资等重大决策，确保研究院规范、科学、有序发展。专家委员会，由来自东北大学、清华大学、上海交通大学、中国科学院、百度等的国内著名学者、科研人员和人工智能领域企业家联合组成，其中包括中国工程院院士 2 人，国家级行业领军人才 6 人，为研究院发展战略、项目评估、产业基金创投评估及人才招聘等提供咨询。具体事务管理时，实行管理委员会领导下的院长负责制，采用"院长负责、集体讨论、分工落实、责任到人"的决策机制，建立"任务牵引、模块组合、资源共享、灵活高效"的协同运行模式，做到科学谋划、民主决策。研究院出台《科技成果转化项目管理暂行办法》《关于承担国家项目匹配经费方案》《科研项目管理制度》及《科研诚信管理制度》等一系列创新性制度，助推高校科技成果转化。

用工模式创新。研究院采取联合招聘、专兼职结合、柔性引进等灵活用工模式，累计引进国家高层次创新人才 6 人，副教授以上 60 余人，硕士、博士科研人才近百人，带土移植引进人才项目 2 个。

组织架构模式创新。研究院探索形成了独特的"1+5+25"的组织架构模式，即"1"家研究院全资控股的产业投资平台；"5"个产业技术中心，主要为大连支柱产业赋能；"25"个高层次创新团队，每个团队创办一家创业公司，主要转化高校科研成果。为促进沪连更加紧密合作，充分发挥研究院平台作用，2021年在沪设立上海区块链分院。

七、上海机器人产业技术研究院有限公司

（一）基本情况

上海机器人产业技术研究院有限公司（以下简称"研究院"）成立于2017年12月1日，是上海科创中心建设的作为"四梁八柱"之一的研发与转化功能型平台，是连接产业界与学术界的桥梁。在上海市委、市政府、市科委、经信委等相关委办共同关心指导下，由上海电器科学研究所（集团）有限公司、上海大学及上海市普陀区政府共同出资组建，是上海市机器人研发与转化功能型平台和国家机器人检测与评定中心（总部）的实施载体，围绕机器人产业的需求，搭建机器人共性技术平台，为企业提供技术服务，实现成果转化，推动机器人产业发展。研究院现有员工500余人，硕博学历员工占比超过50%，申请专利100余件，制定标准（含国标）50项。

（二）机制与模式创新

多元投入主体。研究院依托于上海电器科学研究所（集团）有限公司、上海大学及上海市普陀区政府三大投资主体，聚焦机器人产业的技术创新需求，主要从事科学研究、技术创新和研发服务，能够实现多元化投资、国际化建设、市场化运行和现代化管理，承载着将市场需求，体制内外科技资源、资金、人才，产业技术开发进行融合的职责与功能（三融合：融体制、融资源、融市场），可以打破各类组织的边界，让资源流动（技术、资金、人才、需求流动），可以解决在原来边界分明的组织中无法解决的问题。

管理制度现代化。按照现代企业制度的精神实质，研究院以市场经济为基础，以企业法人制度为主体，以公司制度为核心，以产权清晰、权责明确、政企分开、管理科学为条件，建立了一套科学的组织管理体系、领导体制和经营管理制度。

用人机制灵活化。研究院按照"公开招聘、分级管理、珍惜人才、能力用人"的原则，制定了一系列用人制度。灵活性主要体现在人才选拔和人才考核两个方面。在人才选拔方面，公开选拔，公开竞聘。不断完善就业准入机制，以开放的人才观广揽人才，真正形成不

拘一格、人才辈出的局面，增加人才备选存量。在人才考核方面，建立"贤者治、能者上、平者让、庸者下"的优胜劣汰机制，同时建立多元化的奖惩机制，针对不同群体或个体实施因人而异的激励，具有多样性与灵活性。

项目管理和运行机制。组织机构方面，研究院设立清晰的项目管理组织结构，管理团队由院长办公室、科技项目管理部、成果转化管理部、业务中心、综合管理部、财务管理部及其他部门组成。院长办公室负责对项目立项、撤销、重大变更等重大事项进行决策。管理方式和运行机制方面，项目生命周期管理按照PMP五大过程组"启动—规划—执行—监控—收尾"进行，对项目整合、范围、进度、成本、质量、资源、沟通、风险、采购、干系人十大领域做管控。通过组织战略、项目组合、项目集和项目管理等多层级管理范畴的融合协调，不断积累、改进和应用各种项目管理最佳实践，开发员工项目管理能力发展框架。

多元产业布局。研究院针对政府/产业园区的发展定位和资源禀赋，围绕产业现状、产业配套、重点企业、重点项目等进行全面调研，构建重点招引的产业类型。利用自主研发的产业图谱，精准导入项目信息，提供项目对接、项目考察、招商活动等内容，为合作的政府及产业园区提供全方位、多维度、高质量的产业招商服务，实现精准规划。依托研究院综合优势资源，与地方政府共建技术服务平台，支撑区域产业，加速机器人及智能制造相关产业集聚，推动当地产业转型升级。

产学研协同创新。研究院从政府课题研究、高校合作研究、企业合作研究3个方面入手，达成产学研协同创新的目标。产学研深度融合以市场为导向，使市场在资源配置中起决定性作用；遵循市场规律，优化创新资源配置，推动创新要素集聚，提升企业的创新能力和市场竞争力。

八、南京先进激光技术研究院

（一）基本情况

南京先进激光技术研究院（以下简称"研究院"）是由中国科学院上海光学精密机械研究所与南京经济技术开发区管理委员会双方共建的激光、光电领域专业化产业技术研究院，属于自收自支的科研型事业单位，注册成立于2013年11月。2015年，研究院成为江苏省产业技术研究院首批正式加盟研究院。研究院坚持为产业提供技术支撑的总体功能定位，打造集产业技术研发、技术转移转化、技术服务和中小型科技企业孵化功能"四位一体"的激光产业技术研究院。现有员工146人，其中研发人员120人以上。截至2021年上半年，研究院累计申请专利 278 件，累计授权专利 188 件，转让专利 77 件（其中发明专利 47 件）。研究院已累计培育孵化科技型企业 60 家，累计培育高新技术企业 20 家，规模以上工业企业 3 家，科技型中小企业 15 家。

（二）机制与模式创新

研究院作为南京市众多新型研发机构中的一员，紧盯激光科技前沿，服务国民经济主战场，直面企业实际技术需求，8 年来，从科研到技术，从技术到产品，从产品到商品，在科技创新与成果转化的道路上的每一步都是对上述 3 个问题最直观的诠释。

8 年来，研究院 "内外兼修"。对内，研究院汇天下英才、苦练研发内功，在各级主管部门的指导与支持下，充分利用省、市、区创新扶持政策，最大限度地释放政策红利，吸引了一大批领军人才与优秀科技工作者参与到新型研发机构建设和创新实践中来，为研究院的创新能力奠定坚实的人才基础，同时充分借鉴行业内领军研发机构和龙头企业的研发管理与产品开发模式，结合自身实际情况，摸索出一套行之有效的 "南京先进激光技术研究院模式"；对外，研究院紧贴市场，大力拓展 "四技"[①] 服务能力，深入推进 "研发代工" 模式的产学研协同创新，开展 "一对一" 定制化研发服务，提高可持续创新发展能力。

积极推动赋予科研人员职务科技成果所有权或长期使用权。2021 年，研究院修订了《南京先进激光技术研究院知识产权管理办法》，并适时出台了《南京先进激光技术研究院科技成果收益权确权及实施管理办法（试行）》；在科技成果转化激励方式上，给予科研人员 "先转化、再奖励""先确权、再转化" 2 种选择，营造有利于科技成果转化的良好环境，激励员工提高创新绩效。

此外，研究院正在探索成立运营公司，制定以绩效奖励与股权激励相结合的市场化激励体系，推动研究院快速健康发展。

九、浙江大学苏州工业技术研究院

（一）基本情况

2010 年 12 月，浙江大学与苏州高新区签署《关于共建浙江大学苏州工业技术研究院框架协议》。2011 年 4 月，浙江大学苏州工业技术研究院（以下简称 "研究院"）成立，是浙江大

---

① 　"四技" 指技术开发、技术转让、技术咨询和技术服务。

学走出省外的第一家"三无"独立事业法人单位，是"聚焦苏州市、服务江苏省、辐射长三角"的开放性公共创新服务机构，已基本形成集技术研发、科技孵化、产业培育、科技咨询及科技培训于一体的创新创业服务大平台，目前已集聚创新创业队伍 700 余人，建成 14 个研究中心和 11 个联合研发中心，累计孵化技术创新型企业 77 家，研究院陆续获批为国家技术转移示范机构、国家级科技企业孵化器、国家博士后科研工作站、国家中小企业公共服务示范平台、中国孵化器 50 强等。

（二）机制与模式创新

经过 10 余年探索，研究院已建立了相对完善的企业化运行管理机制，构建形成"学校 + 研究院 + 创新型企业集群"一体化产业技术创新体系，基本形成"政府绩效后补助 + 孵化产业公司反哺 + 精准高效双创服务"多元化收入体系，基本实现自我造血与可持续运转，初步形成相对完整的新型研发机构建设体系。

在 10 余年探索性建设过程中，研究院贯彻浙江大学"以服务为宗旨、在贡献中发展"的发展理念，持续以先进的机制与模式践行打造"十位一体"智慧双创生态体系：一是依托，依托政府、浙江大学、校友等雄厚优势，实现了学校、江苏省、苏州市、高新区、社会资本等多方投入，保障机构持续投入与发展。二是管理，实行理事会下的院长负责制，制定实施全面专业现代化管理制度体系，组建 22 人全天候智慧型高水平高效率管理服务团队，在日常运营管理等关键要事上形成标准化工作流程，实现机构精细化管理。三是研发，聚焦"大健康"与"信息技术与智能制造"两大产业领域，建成 14 个研究中心和 11 个联合研发中心，拥有价值 4800 余万元的大型仪器设备，累计与中小企业签订技术开发（委托）合同总经费 1.73 亿元，合同到款 1.51 亿元。四是创业，集聚高精尖科技企业和上市公司为核心目标的创业群，累计孵化科技型企业 77 家，累计销售额 45 亿元，纳税近 3 亿元。五是导师，组建了各类高端复合技术人才、企业家、财务专家、投资专家创业导师队伍，其中专职管理人员 22 名，聘用创业导师 25 名，在库专家学者近万名。六是培训，依托学校雄厚科研优势，发挥研究院丰富实践优势，开展面向产业高端技术人才、创新创业领军人才、苏州传统企业主及新生代接班人、政府及国企党政干部的双创培训，打造"创新文化 + 创业管理 + 考察交流 + 实践分享（以老带新）"的双创培训，累计举办培训活动超过 60 期，服务创新创业人才 6000 人次以上。七是金融，已基本形成"自筹 + '种子 + 天使 + 风险 + 产业'合作基金 + 合作银行"金融服务体系，依托当地良好的科技金融相关政策，积极整合资源，累计为孵化企业争取各类投资 5402.72 万元、银行信用贷款 4.09 亿元。八是社群，建成"群鹰汇"暨"浙江大学江苏创业家联合会"。2017年，在苏州设立了江苏省内首家由新型研发机构发起设立的当地企业领军人才创新型智慧社群——"太湖群鹰汇"，并于2018年进行首次模式推广，在南京成立了社群"金陵群鹰汇"，持续为江苏省中小企业的高质量发展深度助力。九是园区，打造高浓度的创新创业要素聚集区，基本形成集技术研发、科技孵化、产业培育、科技咨询及科技培训于一体的创新创业服务大平台。十是社区，发展成熟后，将团队、创业集群进行行业细分，然后统一规划与设计，形成广开放性、强功能性的生活和创业高质量社区。

十、浙江省特种设备科学研究院

（一）基本情况

浙江省特种设备科学研究院成立于1958年，2019年经浙江省委编办批准，正式更名为浙江省特种设备科学研究院（以下简称"浙江省特科院"），是浙江省市场监督管理局直属正处级公益二类事业单位。依据法定职责，承担八大类特种设备及安全部件的监督检验、定期检验、型式试验，以及产业公共服务、节能减排、绿色评价、职业教育、普法科普、科学研究等职能。浙江省特科院现有员工517人，设备总资产原值超2.5亿元，办公实验面积9万余平方米，人才储备和综合实力位居全国同行前列。2020年获批浙江省第一批"省级新型研发机构"。

（二）机制与模式创新

自2014年起，浙江省特科院在不增加事业编制和财政负担及岗位绩效工资总额调控的前提下，创造性地实施"体制不变、变机制、变职能"的"新型事业单位"改革试点，探索出了一条新时代强化公益履职与促进自身发展相辅相成的改革模式。

围绕"体制不变"这一改革基础，强化"两个不变"。一是坚持强化党的全面领导不变；二是坚持强化公益属性定位不变。在绩效工资总控解决了公权利益过度个人化的前提下，把改革发展的第一目标定位为"保安全、促发展、惠民生"，坚持从源头防范化解安全风险，在全国行业率先建立"六位一体"全方位系统保安全的公益履职新模式，探索建立新时期技术机构推进军民一体化发展的新模式，创新构建以增值性公共服务营业收入反哺公益业务和事业发展的自我造血机制等，并建立公益性工作量化机制，使省特科院发挥出最大的公益效能。

围绕"变机制"这一改革核心，创新"两大机制"。一是创新人事综合管理机制，有效激发机构发展活力。在实施岗位绩效总额和岗位总数管理可控的基础上，打破编内、编外身份界限，实现由传统的"身份管理"向"岗位管理"转变。全体人员按岗位设置实施竞聘上岗，每二年根据目标发展重新"双向选择、择优上岗"。在职称聘任方面开展以"科研分"为主的量化赋分考评制度，实施按比例末端淘汰的"评聘分离"机制。全面实施岗位能上能下、收入能高能低，同时强化部门二次分配，极大地提升了工作效率和质量提升。二是创新合作共赢发展机制，联动构建协同发展大格局。建立多元化的公共安全领域共建共享机制，充分调动社会资源共同服务安全和发展。与浙江大学共建"科研基地"，与西子联合控股有限公司共建了205米高速电梯型式试验塔，与乌克兰国家科学院巴顿焊接研究所共建"中乌材料与焊接技术联合检测实验室"，与乌克兰国立航空大学共建"联合研发基地"，与钱塘区管委会合作共建国家特种金属结构材料质检中心等，形成了"一个总部、七个基地"的发展布局。

围绕"变职能"这一改革思路，打造"两大服务体（平台）"。一是打造系统保障安全的公共安全综合服务体。针对单一的技术检验难以满足特种设备质量安全发展新要求这一形势变化，以法定检验为基础构建集检验保障、服务产业、节能环保、职业教育、普法科普、科学研究功能"六位一体"的公益履职新模式，建成全国唯一的特种设备安全科普教育基地（普法基地），首创了特种设备安全普法科普大篷车，全国首家特种设备学院（与杭州职业技术学院联合办学）和国家工业节能与绿色发展评价中心等，服务保障东部战区等部队及驻军海外基地特种设备安全，获各地方政府、部队及企业赞誉。二是打造服务高端制造公共服务平台。先后取得了63个特种设备检验机构核准项目、605个国家实验室认可项目、51个国家检验机构认可项目、316个国家资质认定项目。打造"实验室＋基地"产业服务格局，在全省范围内的相关产业集群聚集地设立工作站和基地，充分发挥了省级科研机构服务产业发展的龙头作用。

十一、宁波工业互联网研究院有限公司

（一）基本情况

宁波工业互联网研究院有限公司（以下简称"研究院"）成立于2018年5月，主攻工业互联网、智能制造、人工智能等前沿领域，是一家致力于搭建"科技成果与产业畅通桥梁"的新型研发机构。研究院以"持续孵化引领未来的高科技公司""助推宁波'246'万千亿级产业集群发展"为使命，围绕建设"建设一个国家级研究平台、做出若干个具有标志性的研究成果、孵化一批高科技公司"三大目标，全力打造一个集"理论研究、科技创新、产品研

发、人才集聚、产业孵化"于一体的产业生态集群战略高地，聚力打造中国高科技成果转化的典范。研究院系列项目目前已引进国内外各类高科技人才380余名，已建成"先进移动系统""机器人与智能装备"等4个研发中心，孵化落地拥有完全自主知识产权、掌握核心技术的浙江蓝卓、国利网安、宁波芯然科技、宁波坤铜高新材料等12家公司。2020年入选首批"浙江省省级新型研发机构"。

（二）机制与模式创新

研究院在实际运行中，立足于发挥市场在资源配置中的基础性作用，主动强化在顶层设计、发展定位、运行模式、管理机制等方面的创新与突破。

一是投资主体多元化。打破一般研究院由国有资本单一投资的传统模式，研究院由褚健及其团队、国投创业投资管理有限公司、维科控股集团有限公司共同投资组建，充分释放各类投资主体活力。在项目孵化培育过程中，保障创业团队话语权，从种子期、天使期、成长期等阶段，提供全方位的一站式服务。

二是企业运行市场化。一头链接高校院所，携手上海交大宁波人工智能研究院，搭建产学研用高端创新资源的合作平台，与浙江大学共建"工业自动化国家工程研究中心"；另一头链接企业，以企业需求为第一导向，2021年签署对外服务合同近百个，覆盖数字化工厂、机器视觉、数字化改革、网络安全等方向，为企业精准提供技术支撑、产品销售、技术研发合作等，实现尖端技术研发和科技成果转化的无缝对接；并依托supOS工业操作系统，打造工业互联网生态圈，推动工业互联网产业发展。同时，研究院在服务企业过程中已成功将多项研发项目转化为商业项目，如气压传感器、指静脉智能机柜锁等。

三是管理制度现代化。研究院通过灵活的人才引进、招聘机制及激励机制增强团队活力，核心团队成员及骨干员工队伍均是企业拥有10年以上工作经验的关键技术领军人才，具备"懂技术、懂管理、懂市场、懂资本"的特点。以"创新创业文化、亲情融融文化、家国情怀文化"为着力点，打造符合研究院特质的企业文化，鼓励员工职业途径的多元发展，鼓励有能力的员工成为创业者或事业合伙人，实现从"输血"和"造血"到"活血"的转变。以灵活多样的形式引入项目、研发合作及企业孵化，鼓励团队在利国利民、有重大意义的技术领域广泛探索及试错，聚力攻坚关键核心技术，聚焦医疗、传感和数据处理等主要方向，组织各部门协同研发。

十二、中国科学技术大学先进技术研究院

（一）基本情况

中国科学技术大学先进技术研究院（以下简称"先研院"）是安徽省、中科院、合肥市、中国科大四方按照"省院合作、市校共建"的原则建设的区域产业技术创新研究院，位于合肥市高新区，于 2012 年 7 月启动建设，2012 年 10 月正式挂牌，由中国科大出资 1000 万元开办资金创办，系合肥市市属事业单位，具有独立法人资格，实行企业化管理。2018 年 9 月，成为安徽省三家法定机构建设试点单位之一；2020 年 6 月，先研院法定机构建设试点实施方案获省政府批准。

（二）机制与模式创新

打破藩篱，理顺知识产权关系。2019—2020 年中国科大陆续出台《关于加快推进先进技术研究院发展的意见》《关于委托先研院实施科技成果转移转化试点方案》等文件，明确学校科技成果通过转让或授权给先研院，彻底打破隐形藩篱，全面加快优质科技成果向先研院汇聚。先研院顺势而为，构建"中国科学技术大学—先进技术研究院—产业合作基地"相承接的技术转移体系，彻底转变了学校过去以单个技术项目（团队）为依托转化，单兵作战，孵化周期长，缺乏系统布局，转化效率较低的局面。

多方整合资源，促进研发创新。先研院依托省市科技产业布局和中国科大优势创新资源，重点打造人工智能、微电子、生物医药、新材料与新能源四大高技术产业创新平台，通过上游技术培育和下游需求攻关，培育了"环保阻燃多功能油漆""高精度深水油气地震数据采集装备"等一批具有国际影响力的重大技术成果。同时，先研院在安徽省、中科院、合肥市和中国科大的支持下，积极推进法定机构建设试点，为新型研发机构体制机制创新探索新路径、新模式。开展科研经费包干制管理试点；完善投资融资体系，初步形成先研院、技术经营团队、企业和VC/PE 共同参与投资的格局；构建"创新、卓越、求实、共进"的创新环境。先研院累计知识产权申请量 393 项，累计建成应用工程技术中心 19 家，联合实验室 66 家。累计完成科技成果转化 11 项，涉及 25 项先研院院属知识产权以作价入股的方式实现转移转化。

打出创新"组合拳"，促进成果转化。通过市场化运作和资本市场的手段，加速创新链、产业链、资金链、政策链的"四链融合"进程，在助力区域产业转型升级的同时彻底畅通成果转化最后一公里；累计孵化企业 283 家，其中国家级高新技术企业 60 家，"瞪羚""雏鹰"

等高成长企业 31 家，初步在自主信息化、人工智能、生物医药等领域形成产业创新链条，成为区域高新技术产业生态链的技术引擎。

全资成立资产运营公司，探索自我造血新模式。先研院成立了资产运营公司，该运营公司负责先研院资产经营、成果转化、创业投资、产业孵化等企业化运营管理工作，努力增强先研院自我造血功能。与 33 家企业签订持股孵化协议，实现持股孵化零突破；与社会资本合作，积极推动投资基金建设，与安徽创谷股权投资基金管理有限公司联合申报安徽省科技成果转化引导基金参股子基金，已完成注册及注资；与创东方合作，出资红专基金，已完成募资；积极推动与"四院一谷"、合肥兴泰集团等单位的合作，谋划共建科大硅谷创新策源基金、先研院天使投资基金等，不断通过市场化手段激发内生动力，彻底改变营利模式，形成以成果转化收益和投资收益反哺技术开发和专利产出的正向循环。

十三、哈工大机器人（合肥）国际创新研究院

（一）基本情况

2016 年 6 月，哈尔滨工业大学（以下简称"哈工大"）和合肥市签署战略合作协议，依托哈尔滨工业大学优势学科、人才和技术及哈工大机器人集团的产业化基础，与国家级合肥经济技术开发区共建哈工大机器人（合肥）国际创新研究院（以下简称"研究院"），紧密围绕机器人、高端装备、人工智能等科技领域，着力打造技术研发、成果转化和产业培育 3 个平台。历经近 6 年深耕积累，研究院现为国家级科技企业孵化器、国家自然科学基金依托单位、安徽省工程研究中心、安徽省新型研发机构、安徽省博士后科研工作站。目前研究院已申请知识产权 1034 项，牵头或参与制定国家标准、行业标准 11 项，累计培育科创企业超过 70 家。

（二）机制与模式创新

多措并举，加大用人机制灵活化。研究院格外注重对人才的招引、培养和激励，有效地发掘人才的创新潜能，调动人才的积极性，充分发挥人才的创新能力。破除"唯学历、唯资历、唯论文、唯奖项"的现象，突出工作能力和业绩考核，注重市场认可和对企业的实际贡献，将专利成果、技术突破、工艺流程、标准开发、成果转化等作为人才绩效评审的重要内容，进一步完善以市场评价为导向的内部标准体系，并通过薪酬激励、成长激励、文化激励等多种激励方式激发人才活力。

精力聚焦，干部全职化。与其他多数院所不同，研究院中高层管理团队基本全部全职化，得以充分释放市场化用人机制活力，摆脱学校职务可能带来的"干扰"和"束缚"。2019 年，院长以身作则，毅然辞去大学教授、研究生导师教职身份，充分体现了研究院的全职用人导向。目前，研究院领导班子、各研究所、职能部门负责人基本均为专职身份，确保全员聚焦研究院生存与发展，贡献全部精力和才智。

文化引领，事业驱动。企业文化是组织发展的生命线和动力源。研究院坚持以企业文化统领全员思想，确保全员思维同频、步调一致。经过思考提炼和迭代优化，研究院现已形成独具特色而又契合发展需求的包括"使命愿景价值观""行动纲领""管事四步法""管人四步法""高层干部基本素养"等 5 个递进层次的文化体系。企业文化考试（不得低于 90 分）已经成为新人入职、干部队伍常态化考核的一票否决项。

多维发力，加强管理机制成熟化。研究院的项目管理主要包括科研项目的立项管理、过程管理、结题评审、成果产业化。在立项环节，立项审查分类进行。技术研发类项目的立项注重市场导向，兼顾长远发展；应用技术和产品研发项目的立项强调市场成熟度，瞄准当前市场需求。在项目过程管理中遵循适度监管与内部竞争相结合的方式，在充分发挥项目团队自主性、能动性的基础上，把稳发展方向，将优质资源集中到优质项目中去，避免资源浪费。

多维创新，加速科技成果产业化。研究院集聚全产业链的资源要素，以资金、技术、场地、平台等为赋能要素，不断推进项目的纵深管理，确保资源要素的高效利用与精确分配，形成了集强化项目过程管控和跟踪评价管理于一体的管理模式，保障科技成果的有效转化。针对"在研在孵"项目的整体发展情况进行阶段评审，从项目团队配置、市场与竞争、产品与技术、商业模式、业务订单、项目计划与实际情况对比、项目动态分配资金等方面进行综合考察。跳出表层赋能，持续加大探索的深度和广度，不断尝试更具现实意义和实际操作意义的合作模式，并予以复制推广，进一步激发创新动能。

产业思维、市场运作。研究院将"项目产业化"作为根本目标，遵循市场化运作，制定行之有效的项目评价标准，建立健全覆盖"立项—考核评价—退出"的全周期项目管理制度体系。通过 5 年来的项目培育与经验总结，研究院重点关注 4 个方面：一是市场。立项前进行充分市场调研，市场要有规模效应，项目才有发展前景。目标市场规模较小的项目原则上不予立项；同时项目还要有客户"陪跑"，才不会和产业化脱节。二是团队。对于高校教授兼职创业，需要与全职的 CEO 搭班子才可立项。原则上，团队带头人必须具备三大素质（志存高远、心力强大、胸怀宽广）、两项能力（学习能力和战略能力）且为全职创业，核心成员具有专业互补性。三是出资。项目团队必须匹配出资，否则未来项目孵化存活率很低。

目前，研究院项目团队原则上现金出资不得低于立项经费总额的 15%，以破除"花别人的钱不心疼"的消极心态。四是互补。研究院建设一站式创业孵化培育体系，为项目全面匹配人才、技术、资金、营销、供应链、品牌、场地等各类创业要素，重点关注要素适配性，能否真正做到让项目团队集中精力攻关技术产品，消除后顾之忧。

十四、中科吉安生态环境研究院

（一）基本情况

中科吉安生态环境研究院（以下简称"中吉院"）为中国科学院地理科学与资源研究所（以下简称"地理资源所"）和江西省吉安市人民政府联合共建的本级独立、公益二类事业法人单位。中吉院于 2018 年成立，2019 年被认定为江西省首批省级新型研发机构，同年作为牵头单位组建了江西省红壤农林产业技术创新战略联盟。

中吉院的建院宗旨是：中科院地理资源所和吉安市人民政府坚持优势互补、合作双赢、共同发展的原则，积极发挥地理资源所的科研、教育、人才优势和吉安市生态资源及绿色产业发展潜力优势，共建中科吉安生态环境研究院，探索产学研结合与科技成果转化的新模式，加快革命老区绿色崛起，推动吉安市生态文明建设的健康发展。

（二）机制与模式创新

中吉院建立了较为完善的运行和管理制度，确立了层次清晰的组织架构。中吉院实行"理事会"领导下的"院长负责制"，设有理事长、副理事长各 1 名，理事 10 名（地理资源所和吉安市各 5 名）。下设科学研究部、技术服务部和综合办公室 3 个职能部门，包括 11 个研究室。制定了《章程》《财务管理规定》《科研项目管理办法》《劳务派遣人员报酬管理办法》《知识产权管理办法》《项目对外委托研究与技术服务管理办法》等规章制度。

中吉院瞄准南方红壤丘陵区土壤酸化、侵蚀、水土大气污染、农产品质量下降等重大生态环境问题，制定了"立体监测、试验研究、预测预警、修复示范、产业服务"五位一体的战略规划。结合吉安当地的实际情况和地理资源所的科研优势，中吉院探索出南方红壤丘陵区生态环境动态监测、南方红壤丘陵区农林复合生态系统产业化技术研发、模式示范及成果推广等四大研究方向，并围绕 4 个研究方向，成立 4 个研究中心：环境污染防控与修复研究中心、红壤物质循环与功能提升研究中心、自然资源与生态环境智慧化管理研究中心和农林复合生态系统产业化研究中心，共包括 13 个研究团队，分别由该领域的青年科学家担任。

在平台建设方面，中吉院作为江西省红壤农林产业技术创新战略联盟的发起与领头单位，综合考虑各参与单位的研究基础与优势，着力打造集科学研究、试验示范于一体的综合研发平台。依托井冈山农业科技园现有的实验楼、仪器设备，联合共建中科吉安生态环境研究院分析测试中心，增强中吉院综合实力。为了良性可持续发展，中吉院立足亚热带红壤丘陵区，积极申请科技部、中科院、基金委多部门相关项目，争取国家项目落地吉安，提升中吉院的科研支撑能力。通过转换思维方式（乙方思维），瞄准江西省和吉安地区重大的生态环境问题及农业产业化问题，以地方需求为导向，充分发挥地理资源所的智库与技术优势，提出相关的项目申请指南，积极争取江西省、吉安市各类别项目，促进中科院的科学研究与成果落地转化。

在人才激励机制方面，为了培植研究方向和培育青年人才，中吉院设立院长基金，制定了院长基金管理办法，面向吉安市的科研院所，每年发布申请指南，组织专家评审遴选优秀项目。为了激励科研人员前来中吉院驻地工作，开动脑筋想办法，制定了相应的绩效奖励办法，优先推荐地方人才项目（如庐陵人才计划）的申请。

十五、山东省工业技术研究院

（一）基本情况

山东省工业技术研究院（以下简称"山东工研院"）是按照"省市校合作共建"，由济南市人民政府、山东大学和山东省科技厅三方共同组建的新型研发机构。2018年9月26日，山东工研院注册成立，机构性质为不纳入机构编制管理的法人事业单位，注册地址为济南市高新区，举办单位为济南市人民政府、山东大学。山东工研院在大数据与新一代信息技术、智能制造与高端装备、生物医药与医疗康养、先进材料与新能源四大产业领域，开展技术研发、技术转移、科研成果转化、技术服务、新兴产业孵化等工作。

山东工研院已建设研发创新基地、育成孵化基地2个；共建联合孵化基地3个；规划建设产业发展基地1个。与国内外近百所高校院所、金融机构、科技服务机构建立了产学研合作关系，组建了32个协同创新与转化应用平台，硕士、博士等科研人员630名。2020年被认定为首批"省级新型研发机构"，2021年被认定为"2021年度绩效评价结果优秀省级新型研发机构""山东省专利技术转移转化试点单位"。

（二）机制与模式创新

在机制创新方面，山东工研院不纳入机构编制核定范围，不明确机构规格，不核定事业编制，经费来源为财政补助。按"一体两翼"架构组建了"一院、一公司、一基金"三位一体的运营核心，即山东省工业技术研究院、山东工研院科技发展有限公司、山东工研院股权投资基金。山东工研院负责总体规划、统筹布局和整体推进，山东工研院公司以市场化方式开展知识产权运营、技术转移服务、企业孵化和科技投融资，山东工研院以 LP 方式参股工研院基金，以市场化方式筛选和投资项目。

在模式创新方面，探索形成了"小核心、大网络、全链条、强协同"运行模式。"小核心"指"一院、一公司、一基金三位一体"管理架构；"大网络"指与产业园区、产业联盟、行业协会、龙头企业及金融机构等共建"政产学研金服用"协同创新网络，实现共治共享共建共创；"全链条"指围绕科技创新、技术转化、产业发展全环节，建设创新研发、育成孵化和产业发展基地，配套风险投资、科技银行、引导资金等金融工具，实施高端人才、海外人才引进计划，服务创新研发类、孵化转化类和产业化项目；"强协同"指从源头上和体制架构上重视加强产学研用协同，整合共享存量资源，引进扩大增量资源，优化资源配置，提高资源整合利用率。

管理制度现代化。实行理事会领导下的院长负责制，采取实体化运作、市场化运营，推行市场化绩效薪酬制度，并实施全员岗位聘任、全员绩效考核。

用人机制灵活化。以产业为导向，以平台为承载，坚持按需引进、柔性引进、以用为本的原则，把人才价值体现在项目上，开展分类考核评价，让市场评价价值。

产业布局多元化。以"头雁工程"为引领，引育战略性新兴产业领航者。建设研发创新与成果转化平台，提供源源不断的科技成果与高端人才支撑；开展科技成果评价与转移转化，打造成果转移专业化服务平台；构建科技型企业全生命周期梯次培育体系，建设"领头雁"企业培育库，用于服务区域产业发展。

项目管理市场化。重点围绕四大产业领域，采用"人才找项目、科研找项目、项目找项目"的形式挖掘项目。构建政府、社会组织、企业、投融资机构等共同参与的多元评价体系，市场化评价、遴选项目，联合孵化或以入股形式开展合作。

科研创新协同化。组织多元主体共建研发创新与转化应用平台（协同创新中心），集聚创新资源、扩大创新网络、开展联合技术攻关、加速成果转化落地，协同创新中心建设探索约定成果共享、直属研发中心、成立公司等模式。建立政策链、资金链、载体链、创新链、人才链、产业链等"六链融合"的全过程全要素创新生态链体系。

业务服务专业化。提供成果评价专业化服务，从技术、知识产权、市场、商业化、管理等多个维度，形成技术成果产业化分析报告，给出技术成果评估价值和产业化规划建议；提供专利导航专业服务，以专利信息为纽带，为产业进行系统分析，提出协调性、创新性和可操作性发展规划；提供技术转移专业化服务，为技术成果许可、转让、合作等提供科技成果评估、技术转移转化方案策划、拟定技术转移合同、谈判、专利技术转让备案等相关服务。

十六、山东中科先进技术研究院有限公司

（一）基本情况

山东中科先进技术研究院有限公司（以下简称"山东先进院"）于 2019 年 6 月在山东省济南市注册成立，为济南市人民政府、济南高新区管委会和中国科学院深圳先进技术研究院三方共建的"四不像"新型研发机构，致力于推动新能源汽车、人工智能、智能制造、医疗康养四大领域的应用技术创新研发，建设高水平研发及转化平台。两年来，山东先进院组建了以院士、国家特聘专家等高端人才为核心的人才梯次团队共 170 余人，博士以上员工占比近 20%；打造了 1.2 万平方米的研发平台和生产中心，并加入了济南市大型科学仪器设备协作共用网平台。

（二）机制与模式创新

在制度创新和科技创新的双轮驱动下，山东先进院在建设和运行机制上探索出了一些新的做法和有益经验。

一是投资主体多元化。山东先进院采取三方共建模式，把政府部门、科研机构都纳入工作领导小组成员中，让决策兼顾市场和科研方向。

二是管理制度现代化。山东先进院在人员聘用、项目管理、财务核算、奖励措施等方面采取现代化企业管理方式。在确定的范围内，山东先进院自主确定研究课题、自主选聘科研团队、自主安排科研经费使用，加快产业造血步伐，不断探索需求型科技成果生成与转化机制，逐步形成自身长期发展造血机制。同时实行领导小组领导下的院长负责制，市场化运作，充分赋予院长人事、财务等管理自主权，推动山东先进院长期、高效、快速、稳健运转。

三是用人机制灵活化。山东先进院对于高端人才实施不改变人事关系，在原有单位科研经费上做加法的"双向聘用"机制。不改变"双聘专家"原有人事关系、编制、社会保险缴纳及其他待遇，根据贡献大小为"双聘专家"提供市场化的科研报酬和成果转化奖励。既保

证"双聘专家"在原单位的科研、教育工作不受影响，又能参与山东先进院的项目开发、产业化等工作，实现与知名大学、科研院所的错位发展，加速了科研技术成果的转移转化，解决了新型研发机构成立初期的"高端人才窘境"。

四是运行机制市场化。山东先进院坚持按照市场化方式运作，实行"投管分离"模式，不断进行体制机制创新，提高运行效率。由院士等行业专家组建的学术委员会可有效提升山东先进院研究方向及科研选题的市场敏感性和前瞻性，确保了与时俱进，不仅能服务企业和产业，更能走在企业的前面，适应并引领产业发展趋势和变化。建立的既懂技术又懂市场的高水平独立研发团队，从源头保障了整体研发与创新能力和核心竞争力。

五是产业布局多元化。山东先进院聚焦山东省十强和济南市十大千亿产业发展现状，重点围绕新能源汽车、人工智能、智能制造、医疗康养等四大领域进行布局，着力带动战略新兴产业发展。一方面精准对接浪潮、神思、中国重汽、中建八局、二机床、北汽等国内大型企业技术需求，成立联合实验室，推动技术创新突破；一方面积极对接国内外最新科研成果在本地转化，注册成立公司进行产业化运营。

六是产学研用协同化。山东先进院通过积极培育打造产学研用深度融合的创新生态，开展更广泛的协同创新、更顺畅的成果转化、更高水平的科技合作。同时强化工作领导小组监管作用。山东先进院面向产业发展，以企业需求为导向，推动技术创新、培育创新人才、孵化育成企业等工作，为产业转型升级提供强大的创新动力。

十七、郑州大学产业技术研究院有限公司

（一）基本情况

郑州大学产业技术研究院有限公司（以下简称"研究院"）位于郑州市国家高新技术产业开发区，成立于2014年11月，是郑州市高新区管委会与郑州大学共建的非营利研究开发型事业单位，运作实体为郑州大学产业技术研究院有限公司。研究院是河南高校首家集技术研发、成果转化、高科技企业孵化、创新创业人才培养等于一体的创新机构，在新一代信息技术、先进制造、新材料、化工能源、节能环保、生物医药等技术领域开展关键性研究，得到了省各级政府和郑州大学的大力支持，先后被河南省政府评为首批"河南省重大新型研发机构"和首批"扩大高校和科研院所自主权赋予创新领军人才更大人财物支配权、技术路线决策权"试点单位。截至2020年年底，研究院引进科研创新人员近400名，组建高尖端团队80余个，建有国家、省、市级创新平台资质30个，研究院累计孵化企业46家，累计服务企业超600家。

（二）机制与模式创新

研究院是具有独立法人的创新型科研经济实体，实行公司化运行，公益性职能和市场化相互促进的双重运行机制。坚持体制机制和模式创新，努力探索产学研合作的新模式。

多元化投入主体的新模式。大力促进科技与金融结合，充分引入社会多方金融资源参与产业技术研究院建设，创建政府、企业和民间资本参与的各类创投基金，把科技金融创新作为研究院创新生态建设的催化剂，形成政府财政资金鼎力扶持、其他社会资金共同支撑的多元化资金筹措机制，助力推进产学研快速转换。

管理制度现代化。研究院实行董事会领导下的总经理负责制，实行企业化管理模式，实行管投分离、独立运作的机制，管理和运行去行政化。

用人机制灵活化。深化科研管理制度改革。赋予创新领军人才更大人财物支配权、技术路线决策权，建立了以研发质量、技术转移转化为导向的科研投入综合评价制度，采取同行评议为主的评价方法，注重中长期创新绩效。实行灵活、多样的市场化分配和激励机制。鼓励以智力要素和技术要素等形式参与分配，激励科技人员创新创业；以股权奖励等形式吸引和管理团队；通过高比例分成的方法鼓励社会和研究院人员从事科技成果转化中介服务工作，全面提升研究院各类人员的创新活力。

项目管理与运行机制创新。深化项目管控、质量监督、财务审计等跨部门联动监督机制，先后制定了《郑州大学产业技术研究院科研项目管理制度》等制度明确年度验收和协调工作计划，压紧压实各级管理责任，强化项目组织管理要求。全面实施科研项目负责人制度，赋予项目负责人技术路线决策权、经费调剂权和对项目成员考核权，并结合项目进展情况对项目团队进行动态调整，工作绩效与薪酬分配直接挂钩，极大地激发了科研人员创新动能。简化项目过程管理，下放经费调整权限，完善科研诚信体系，项目单位、项目负责人等责任主体的主观能动性持续增强，科研项目效益大幅提升。

十八、湖北省地质资源环境产业技术研究院

（一）基本情况

湖北省地质资源环境产业技术研究院（以下简称"资环工研院"）由武汉地质资源环境工业技术研究院有限公司承建，位于武汉市未来科技城，于 2013 年 9 月 29 日注册成立，是由中国地质大学（武汉）与武汉市人民政府联合创建的企业法人单位。资环工研院近年来重

点围绕资源环境重点领域，组建了一支高、精、尖的研发队伍，开展自主研发、技术引进与二次开发、中试孵化、产业化等工作，在区域战略新兴产业培育发挥了引领和支撑作用。

（二）机制与模式创新

通过搭建科技创新平台，吸引聚集创新人才。截至目前，资环工研院及控股公司总人数 578 人，其中，高级职称 18 人，博士 10 人，硕士 135 人，硕博士学位及以上人员占比约 25%；研发人员 283 人，研发人员占比约 49%。资环产研院及孵化企业拥有国家级领军人才 1 人，湖北省百人计划 1 人，光谷"3551 人才"4 人，组建了一支专业技术过硬的科技研发团队和富有激情和活力的管理团队。引进在宝马和大众等品牌有超过 30 年设计经验的 Tim 等国外专家团队组建格罗夫氢能汽车创新团队，形成全球化的产品研发团队。

建立市场化运营体系和组织架构，面向国内外整合创新资源，致力于培育战略新兴产业。公司牵头发起 5000 万元的创投基金，由资本运营部负责管理，进行货币资金投资、无形资产投资、货币＋无形资产投资等多种形式投资孵化，沿着产业链投资布局和培育。2017 年 12 月，资环工研院成功引进社会资本融资 4.55 亿元，在体制机制方面由国有控股转变为国有参股，实现由政府扶持培育迈向市场化发展。

十九、湖南长沙先进技术研究院

（一）基本情况

湖南长沙先进技术研究院（法人单位为长沙先进技术研究有限公司，以下简称"长沙先进院"）是由长沙市政府和中国电子信息集团共同出资组建以公司化运行的新型研发机构，2019 年 1 月在长沙正式成立，主要围绕先进计算、信息安全等领域开展研发创新、成果转化、人才集聚和产业培育等工作。2021 年长沙先进院获批湖南省第一批新型研发机构。目前，长沙先进院在职人员共 141 人，其中正高级工程师、研究员、教授 9 人，硕士以上学历员工占比达 40%，下设开源协同创新中心、人工智能协同创新中心、深海科技协同创新中心、交叉学科协同创新中心、数字园区等协同创新中心，拥有 1.2 万平方米办公研发场地，拥有上千万元的研发设备，托管运营 2 个产业园区，设立 2 支服务成果转化的基金，联合共建海洋探测技术湖南省重点实验室等创新平台。

（二）机制与模式创新

长沙先进院以服务国家重大需求为目标，以协同创新为核心，以重大项目为抓手，以平台建设为支撑，创新体制机制。

多元投资主体夯实科技创新发展基石。长沙先进院共建单位为长沙市政府、中国电子下属中国长城集团、中国电子下属中电投资控股集团。其中，市政府提供财政资金投入，给予专项政策支持，吸引撬动社会资金共同推进关键核心技术攻关；中国长城集团作为产业主体通过市场资源、产业资源导入，强化产业技术供给和需求牵引；中电投资控股集团发挥科技金融资源优势，助推长沙先进院设立产业基金，加速成果转化、产业落地。通过"政产金三方共同投入"模式，汇集各方资源、减少了从原始创新到中试熟化再到产业化的进程，通过政府引导和产业需求牵引，精准定位，服务区域经济社会发展。

现代化管理制度优化科研力量布局。长沙先进院实行董事会领导下的院长负责制，实行"职能团队服务化、技术团队自主化"的运行管理机制，采取决策与执行相分离的模式，发展战略由院领导、专家委员会等顶层决策，从宏观角度对先进院管理和发展做出决策，各协同创新中心围绕战略目标自主决策科研方向和招募人才，采取"面向市场，自主运行，独立核算"的发展模式，服务团队提供产业分析、项目申报等专业服务支持，争取财政资金支持，为创新团队提供启动资金保障，并通过产业基金加速科技成果转化，最后依托运营的产业园区提供载体承载成果落地，通过构建良性开放的市场化运行机制，打造了"战略规划＋市场牵引＋人才集聚＋科技金融＋产业落地"的全过程创新生态链。

灵活用人机制助力集聚科技创新人才。长沙先进院灵活采用"院士专家战略指导、需求导向自主招聘、地方人才政策引进、央企评价体系培育、核心员工持股激励"等机制创新，构建形成"院士专家＋领军人才＋创新人才"老中青三代科研创新人才体系。一方面充分发挥院士专家顶级智库作用，为先进院的科研发展提供专业指导；另一方面创新团队负责人根据项目需求自主招聘人才，再充分利用长沙人才政策，成建制吸纳高校教授和专业博士人才团队。同时，发挥央企平台自身职称评价体系优势，在优秀人才职称评定上给予支持，并通过核心人才团队持股，进一步强化和激发创新人员的创新活力和积极性，加速科技协同创新发展。

构建服务技术创新、应用转化、成果落地的全流程承载能力。长沙先进院充分发挥本地创新资源集聚的优势，采取市场化运作，构建了"资源平台＋智库平台＋产业基金＋产业园区"服务体系，促进生态要素集聚，引领产业发展。以争创国家级的湖南科技协同创新平台为抓手，链接部委资源；设立产业投资基金，推进金融资本集聚；托管运营产业园区，为成果落地提供载体支撑。强化技术研发与技术熟化、创业孵化与产业育成、成果转化与人才流转、科技金融与科技服务等功能，在新型研发机构内部协同运作，在多领域推动科技"开花结果"。

二十、中国科学院深圳先进技术研究院

（一）基本情况

2006年2月，中国科学院、深圳市人民政府及香港中文大学在深圳市共同建立中国科学院深圳先进技术研究院（以下简称"深圳先进院"），实行理事会管理，探索体制机制创新。

深圳先进院属事业单位法人，坚持聚焦科技创新需求，围绕信息技术（IT）与生物技术（BT）的交叉融合，结合深圳市战略性新兴产业，高效推进科学研究与产业发展一体设计，前瞻布局生物医学工程、合成生物学、脑科学、生物医药、先进电子材料、机器人与人工智能、碳中和七大研究领域，创立9个研究所、10个外溢机构、多个特色产业育成基地和多支产业发展基金。

经过15年的发展，深圳先进院从业人员规模达4905人（员工2757人），已建立一支平均年龄33岁的国际化人才队伍，全职院士14人，国家级人才100余人，高层次人才906人次，2位全职海外院士获中国政府友谊奖，31位学者入选全球前2%顶尖科学家榜单。打造9个国家级、34个省部级、70个市级创新载体，牵头建设3个深圳市基础研究机构、2个重大科技基础设施。科研仪器设备原值总额达11亿元，原值50万元以上共322台（套），2021年新增36台（套）。

（二）机制与模式创新

一是投入主体多元化，加快新型研发机构发展。在中国科学院、深圳市人民政府、香港中文大学共建三方的支持下，深入贯彻国家创新驱动发展战略，坚持"四个面向"，充分发挥"国家队"中坚作用和新型研发机构特色优势，以实现"四个率先"为目标，致力于建设学术水平与国际接轨、科研成果与产业接轨的国际一流工研院。

二是实行理事会领导下的院长负责制，建立市场需求导向的组织架构。理事会作为机构最高的决策部门，负责组织的战略定位和发展方向等重大决策，能够充分激发机构活力，打破行政管理层级限制，追求效率效益最大化。坚持需求牵引、强化集成创新，目前已构建了

以科研为主的集科研、教育、产业、资本于一体的"微创新体系",为全国新型研发机构提供"深圳经验"。

三是完善科教融合人力资源体系,用人机制灵活化。以创新与贡献为导向,打造灵活的人才评价制度、考核制度、激励机制,尊重各类人才成长规律,激发人才活力,提升科研队伍竞争力,完善管理晋升体系,增强管理队伍战斗力,形成覆盖全球的多层次、多渠道的人才引进模式,构建了"年度绩效—3H福利—成果转移—股权激励"的人才激励体系。

四是推进科技到产业的多元产业布局。打破了科学研究的传统线性模式,探索出科学研究和产业发展一体设计、一体推进的科技与产业双向促进、迭代牵引、螺旋上升的创新发展模式。

五是聚焦企业科技创新,强化产学研协同创新。聚焦科技企业共性技术需求,强化产学研合作推动技术创新,精准对接多家高科技企业技术需求,拓展企业联合攻关产学研合作。

二十一、广东华中科技大学工业技术研究院

(一)基本情况

广东华中科技大学工业技术研究院(原"东莞华中科技大学制造工程研究院",以下简称"工研院")是广东省科技厅、东莞市政府和华中科技大学于2007年联合共建的科技创新、技术服务、产业孵化与人才培养的公共平台,按照"事业单位、企业化运作"的模式组建,形成"三无三有"的机制特色,经过10余年的发展,已成为智能制造领域知名的新型研发机构。工研院现拥有600余人的研发与技术服务团队,为万余家企业提供了高端技术服务,打造了"华科城"科技孵化器品牌,累计孵化企业898家,其中自主创办企业70家,高新技术企业62家,创业板上市企业1家,新三板挂牌企业7家,上市后备企业2家。

(二)机制与模式创新

"事业单位、企业化运作"的新型体制机制。"事业单位"既保障了政府初期投入建设经费的合法性,又保障了科技平台的公益性;"企业化运作"既减少了政府固定运行费开支负担,又提高了面对市场竞争的决策灵活性。其特色是"三无、三有"模式,即"无级别、无编制、无运行费",但是"有政府支持、有市场营利能力、有激励机制"。在政府的大力支持下,工研院建立了"创新、创业、创富"相结合的激励机制,鼓励研发团队开展成果转化,

2010 年率先通过理事会决议，建立科技成果收益激励机制，将成果转化收益的 50% ～ 70% 奖励给团队，最大限度地保证研发人员的利益，提高研发人员的创新积极性。在具体运行方面，逐步形成了以下模式：

"青苹果—红苹果—苹果林"的科技创新模式。广东工研院非常重视成果的工程化开发，打通了从"样品—产品—产业"的链条，把高校好看不好吃的"青苹果"变成好看又好吃的"红苹果"，再变成产业集群的"苹果林"，甚至进一步发展"苹果商"。

"近亲—远亲—远邻"的人才汇聚模式。工研院从最初由院士教授团队组成的"近亲"，逐步扩展到来自各大高校的"远亲"，还引进了香港和美国国际创新团队的"远邻"。

"保姆—伙伴—向导"的产业发展模式。从作为支撑地方产业转型升级的"保姆"，支持传统产业做"企业做不好的事"，到紧贴新兴产业发展趋势，作为"伙伴"协同创新做"企业做不了的事"，再到开展前沿技术研究，作为"向导"引领区域科技创新发展，做"企业想不到的事"。

"近距离—零距离—负距离"的技术服务模式。工研院将国家级平台延伸到地方，拉近了院校服务地方的距离；向企业派遣特派员，实现了"零距离"服务；通过建立集中式服务中心，实现企业主动上门的"负距离"服务。

二十二、清华珠三角研究院

（一）基本情况

为深入推进国家创新驱动发展战略实施，2015 年 10 月 18 日，广东省人民政府与清华大学在广州合作建立了清华珠三角研究院（以下简称"研究院"）。研究院是广东省政府直属事业单位，按企业化方式运行管理，由清华大学负责经营管理，实行理事会领导下的院长负责制。研究院聚焦新能源新材料、电子信息、生物医药、生态环保等"四个领域"，充分发挥应用技术研发、科技成果转化、高新企业孵化、创新创业投资等"四项职能"，深入推进港澳及国际科技合作，引入并推进国内外高科技成果在广东落地转化，促进高层次人才团队在广东聚集培养，着力打造特色高效的科技创新孵化体系，努力为地方科技、经济、社会发展和粤港澳大湾区建设做出贡献。研究院现有经营管理人员 40 多人、科研人员 120 多人。建立了 28 个高端科技研发和科技服务平台，累计孵化企业 800 多家，其中高新技术企业 60 多家。

（二）机制与模式创新

实行理事会领导下的院长负责制，主管部门在投资和资产处置方面充分授权，以适应市场需要。政府主管部门授予研究院自主审批下属平台公司单个项目最高 3000 万元的投资和资产处置决策权，解决了研究院在运作成果产业化项目中遇到的效率困扰。研究院理事会采用席位制，政府主管部门和学校有关部门均分席位。理事会每年对研究院经营发展情况进行考核评价。"放、管、服"的到位和平衡，一方面极大地提高了业务发展效率；另一方面确保了管理的规范性和实现了理事会确定的各项目标。

按职业化、专业化和市场化原则，组建运行管理团队。研究院是事业单位，不定行政级别，没有事业编制，按职业标准、专业要求及市场化方式遴选国内外高端创新人才，逐步打造了一支结构合理、专业齐全的运行管理团队，为科技成果产业化项目提供全方位、全过程支持服务。

研发中心与产业化公司一体化运作，推进技术落地和产业化公司发展。项目落地时，同时成立研发中心和产业化公司。研发中心隶属研究院，负责小试、中试、产品开发；产业化公司负责产品生产、市场推广、项目融资等。研发中心既是技术源头实验室的拓展和延伸，又相当于产业化公司的研发部门。研发中心和产业化公司相互支持，相互促进，共同完成学校、企业和投资人不熟悉或不从事的从技术到企业环节任务，推动产业化项目成功走出"死亡谷"。研发中心实行主任负责制，单独核算。研究院给予研发中心启动资金和配套支持，对研发中心进行年度评价。项目团队技术骨干真正落地，高层次人才得到研究院专项支持。

下设平台公司，开展创业投资，实现研究院事业滚动发展。研究院设有平台公司——广华创业投资有限公司，以自有资金对初创科技企业进行股权投资。此外，平台公司设立和管理基金，为科技企业加速发展提供更大的资金支持。企业成功后，投资平台获得股权投资收益，进而支持研究院继续投资新的科技成果产业化项目，实现滚动发展。

完善体系建设，整合项目资源，构筑创新链和产业链。从创客空间到孵化器、加速器、产业化基地建设，从项目引进到研发、融资、人才服务、经理人培训、国内外资源对接等，研究院不断完善体系建设，为创新创业项目提供全方位、全周期支持服务，并通过创建"广华科创"品牌、建立孵化联盟对外输出体系服务等方式，实现资源共享。按照国家和地方产业发展需要，聚焦新能源新材料、电子信息、生物医药、生态环保等重点领域的关键核心技术，挖掘整合技术及项目资源，科学构筑产业链条。

二十三、重庆清研理工汽车智能技术研究院有限公司

（一）基本情况

重庆清研理工汽车智能技术研究院有限公司（以下简称"研究院"）成立于 2016 年 9 月，是重庆市首批 5 个新型高端研发机构之一，是由重庆理工大学联合清华大学苏州汽车研究院、九龙坡区、重庆理工清研凌创测控科技有限公司、湖北恒隆汽车系统集团有限公司、天津宜科信息系统有限公司、陕汽集团共同组建的独立法人、混合所有制新型研发机构。研究院背靠湖北恒隆汽车系统集团有限公司、重庆理工清研凌创测控科技有限公司、天津宜科信息系统有限公司等行业龙头企业，以智能检测研究所、智能制造研究所、汽车电子安全研究所为核心，采用"校院"合作模式及市场化的激励机制组建研发技术团队，已建立一支拥有教授、博士和资深工程专家等 200 名专兼职研发人员、有较强创新能力和工程服务能力的技术队伍。研究院以汽车产业需求为支撑，组建了新能源汽车研发平台、试验检测公共服务平台、高端装备研制平台、成果孵化平台。

（二）机制与模式创新

"四轮驱动、协同创新"的全新运营模式。研究院以汽车产业需求为支撑，构建了新能源汽车研发平台、试验检测公共服务平台、高端装备研制平台、成果孵化平台四轮驱动的协同创新体系，集技术研发、成果转化、产业孵化于一体，形成了"政-产-学-研-金"一体化、创新创业一体化、研发产业一体化的 3 个"一体化"的创新模式，实现了创新链、产业链、人才链、资金链、服务链的"血缘型"融合，并取得了显著成效。目前，培育高技术企业 10 余家，高新技术企业 3 家，汽车自动变速器在线检测技术及装备等 10 余项高新技术成果实现了转移、转化。

"以企业为主体，市场需求为导向"的全新商业模式。研究院以企业需求为根本，以市场机制为导向，以科技金融为保障，打造融合"应用研究—技术开发—产业化应用—企业孵化"于一体的科技创新链条，采取产学研合作、企业化模式运作；科研课题主要来源于企业需求；研发的新技术、新产品全部来源于市场需求；技术服务也采用企业化运行模式。有效弥合了科技成果从技术研发到产业化之间的鸿沟，从根本上提高了科研工作的有效性和成果转化效率，解决经济与科技"两张皮"的问题。

以研发团队为主体，采用"小行政，大团队"的全新管理模式。研究院科技创新工作方面以研发团队为主体，建立了市场平台、财务平台、检测平台、中试平台和孵化平台等综合服务平台，为团队提供全方位的人事、管理、运营基础服务。研究院建立了专职、兼职人员及合作团队薪酬激励制度及股权回报制度。在科研工作中，团队的经费使用、人员组建和创新研发等方面拥有很大自主权，运行经费"独立核算""优绩优酬"。

二十四、四川高新轨道交通产业技术研究院

（一）基本情况

四川高新轨道交通产业技术研究院（以下简称"产研院"）成立于 2013 年，是四川省启动成立的首批产业技术研究院之一，依托中铁二院工程集团有限责任公司（以下简称"中铁二院"），西南交大、中车资阳、中车成都等 9 家单位参与共建，是独立法人的民办非企业组织。产研院成立以来，始终坚持"政府引导、企业为主体"的原则，以引领和带动四川省轨道交通产业技术进步为己任，围绕产业共性技术及关键技术研发、成果转化、企业孵化、技术服务和人才培养"五位一体"功能的实现，积极探索，不断创新。截至 2020 年年底，产研院拥有从业人员 104 人，牵头承担或参与了省、市、区等各级项目 30 余项。产生的科技成果有效支撑了"一带一路"建设、川藏铁路及西南地区高速铁路、城际铁路、新制式轨道交通的建设，同时对四川省轨道交通产业技术提升及产业转型升级起到了有力的支持作用。

（二）机制与模式创新

产研院管理体制及组织架构。产研院是依托中铁二院、西南交大、中国中车等行业龙头，整合省内相关科研院所、高校及企业的优势科研资源，形成的轨道交通领域的开放性科研机构。产研院遵循所有权和经营权相对分离的原则，实行理事会领导下的院长负责制，由理事会决策、院长执行和监事会监督。产研院实行固定岗与流动岗相结合的管理模式。日常管理人员相对固定，可由理事会成员单位委派；研究人员采用流动岗位实现研究人员因项目而聚集，也因项目而流动。

产研院与共建单位之间的关系、权利与义务。产研院与共建单位建立起长期、稳定的战略合作关系，促进各共建单位开展深层次、一体化的产学研合作，并实行以项目为纽带的动态管理。以满足产业发展的技术需求为目的，以项目为载体，在企业、高校和科研院所之间实行"合同科研"的合作模式，由产研院具体负责项目的组织实施，选定项目领军人物，组

建项目管理团队，明确合同各方的权利、义务、利益分配和成果归属，同时确定合理的退出机制，明确技术风险承担责任。

二十五、贵州医药大健康产业研究院有限公司

（一）基本情况

根据贵州省医药大健康产业发展战略及"十三五"科技规划，立足贵州中药民族药特色资源和遵义高新区医药产业基础，按照《科技部印发〈关于促进新型研发机构发展的指导意见〉的通知》（国科发政〔2019〕313号）要求，在贵州省科技厅大力支持下，2020年8月，遵义高新区管委会与遵义医科大学、上海诗丹德标准技术服务有限公司达成三方合作协议，将高新区部分代表性医药企业纳入理事单位，共建贵州医药大健康产业研究院（以下简称"研究院"），并由遵义高新区管委会全额出资成立贵州医药大健康产业研究院有限公司进行运营管理。研究院主要立足于贵州中药民族药资源特色，致力于深入实施创新驱动发展战略，推动新型研发机构建设，提升遵义高新区创新体系整体效能，推动遵义高新区医药大健康产业发展，并服务全市，辐射西南地区。

（二）机制与模式创新

创新管理体制机制，激发创新活力。为进一步推动研究院运营管理，遵义高新区管委会、遵义医科大学、上海诗丹德标准技术有限公司签订"贵州医药大健康产业研究院建设三方合作协议"，约定遵义高新区管委会为出资主体，遵义医科大学、上海诗丹德标准技术有限公司为理事单位共同投入资金建研究院，成立贵州医药大健康产业研究院有限公司对研究院资产进行运营管理，上海诗丹德标准技术有限公司承担具体的运营管理职能。

强化人才队伍建设，增强人才底气。遵义高新区与遵义医科大学达成全面战略合作协议，充分利用遵义医科大学的人才优势资源，以平台共享、技术共享的模式，推动贵州医药大健康产业研究院与遵义医科大学科技园人才队伍双覆盖，将高新区产业园管理人才与遵义医科大学技术人才有机结合，并引入上海诗丹德标准技术有限公司高新技术人才，搭建了以专业技术人才、高新技术人才负责研究开发，以专业运营管理和产业园管理人才负责运营的人才体系。另外，按照不同项目的层次，以市场化为导向，开放合作的模式，将不同领域的技术专家纳入到研究院人才体系，极大地降低了研究院运营成本，也充分发挥了市场化灵活机制，提高了技术人员的积极性、主动性。

打造创新共同体，构建协同创新体系。研究院利用遵义医科大学人才优势开展科学研究、技术创新、研发服务、技术转化和企业孵化，充分发挥上海诗丹德标准技术有限公司在标准技术领域的优势，结合贵州中医药发展实际，开展中药物质基础研究、中医药产业相关技术服务、中药产品检测等研究工作，推动遵义高新区中医药产业原始性创新和协同创新、基础研究与应用研究融通发展，解决从实验室到工厂之间的关键衔接环节。

二十六、陕西空天动力研究院有限公司

（一）基本情况

陕西空天动力研究院有限公司（以下简称"空天动力院"），位于陕西省西安市高新区，于 2018 年 7 月 20 日注册成立，由西北工业大学、中国航发西安航空发动机有限公司、西安航空动力控制科技有限公司、中国航天科技集团第四研究院、中国航天科技集团第六研究院等 5 家单位共同发起，陕西省、西安市、西安高新区共同出资组建的国有企业。空天动力院充分发挥陕西科教资源丰富和国防科技工业产业链聚集的优势，坚持以市场为导向、项目为支撑、技术为引领、产业发展为目标，注重同在陕央企的战略合作和错位发展，重点布局具有自主知识产权的智能高端装备、新一代信息技术等战略新兴产业。目前，空天动力院从业人员总数共计 500 余人，其中研发人员 200 余人，承担了国家级、省级等多个纵向科研项目。获批国家级博士后科研工作站、陕西省技术转移示范机构、陕西省中小企业公共服务示范平台、西安市科技企业孵化器等国家级、省市级企业资质。

（二）机制与模式创新

建设高端人才汇聚平台。依托空天动力院建立开放式人才平台，组建和培育航空航天动力领域"院士工作室"和"科学家工作室"，形成以院士和行业顶级专家为核心的高技术人才团队。推动人才体制机制改革创新，以项目为牵引，以空天动力院为依托，按照"自主设岗、自主聘用、自主考核、自主定酬"的原则进行选聘，汇集、引进高端人才，形成人才聚集效应和"人才池"，实现人力资源效益最大化。

加快产学研协同，促进成果转化。以国家需求和应用市场为导向，加大力度，推进核心发起单位及国内知名高校一批重大科技成果产业化、汇聚国内外优势产业化项目落地空天动力产业园区、建立一批示范先导性研发公司和技术创新中心，完善多种营利模式，促进产学研协同可持续发展。

打通创新发展链路。空天动力院致力于推动航空航天动力领域的创新发展，开展基础研究、小试中试、成果转化、企业孵化等，为合作企业及团队提供法务咨询、人力资源增值、创业培训、行业技术、财税增值、政策咨询等服务，同时开展投融资服务。陕西空天动力投资管理有限公司与陕西空天宏远创业投资管理有限公司以直投和管理基金投资并举，多元化撬动社会资本进驻与加速航空航天动力领域科技成果转化落地。空天动力院采取飞地经济模式，和省内外多个地市联合组建高新技术产业引导基金，推动地市经济发展，同时与惠华基金、上海融玺、招商证券、建投华科等公司达成战略合作协议，助推陕西省科技成果快速落地转化。目前已设立了6支产业基金，分别为陕西空天云海创业投资基金、陕西空天智海创业投资基金、陕西空天蓝海创业投资基金、嘉兴空天智同股权投资基金、杭州术泽股权投资基金、陕西西北工业大学科创天使基金，投资7家航空航天领域相关企业，领投金额1.1亿元，带动社会资本投资超过10亿元，其中兴航航空、远航真空、天成航材、卫峰核电、浙江雅港复材、四川仁川航空等项目将自2023年起陆续申报IPO发行。在孵企业共计26家，其中高新技术企业5家。

二十七、西部矿业集团科技发展有限公司

（一）基本情况

西部矿业集团科技发展有限公司（以下简称"公司"）成立于2016年12月21日，是西部矿业集团有效整合公司科技资源，引进北京矿冶科技集团有限公司和江西理工大学共同成立的集科技管理、技术研发及分析检测于一体的新型研发机构。公司拥有青海省首家博士后科研工作站及青海省高原矿物加工工程与综合利用重点实验室、青海省有色矿产资源工程技术研究中心、院士工作站、专家工作站等国家级、省级科技创新平台，现代化选矿、冶金、盐湖化工、分析检测实验室和中试与产业化验证基地。在研究基础方面，公司围绕高原资源开发、综合利用、环保技术研发和推广等方面进行技术研发和技术集成，积累了丰富的高海拔环境下资源开发、生产管理、技术研发等方面的经验。

（二）机制与模式创新

依据创新激励政策，进行科技奖励和人才激励。依据上级公司出台的关于科研项目、科技成果转化的相关办法，开展人才激励，助推公司科技创新人才队伍建设。

进一步加强技术创新平台的自身建设。一是加大现有研发平台基础建设力度。对国家企业技术中心、省级重点实验室等创新平台进行改造升级，进一步完善试验基础设施，加强人

员配置，依托重点实验室建立了选冶研究所、盐湖化工研究所和分析检测中心，以满足越来越多的针对生产实际开展的科研试验的需要。二是通过人才引进平台建设，加大了高层次创新人才引进力度。

加强了技术创新体系的运行。一是始终将创新平台基础建设作为科技创新重点工作之一，近3年，公司在建设中试与产业化印证基地、实验室改造、仪器设备购置加大了投资力度，并在组织机构、体制建设、制度健全等各方面进行了完善。二是进一步加强技术人员的引进培养机制，加大高端人才、急需人才的引进工作力度。三是在年度生产经营计划中专项设置科技计划，在年度预算中列支科研经费专项，用于全公司开展科技创新活动，包括所开展科研项目的研发投入，项目实施过程中分别单独设立专账。公司在极力推动企业精细化管理和全面预算管理的同时，鼓励各下属企业加大各种科技创新活动和技术创新工作的投入。四是依托院士工作站、专家工作站、"青海省人才之家"等平台，采用柔性引进、客座教授、顾问专家、联合培养等多种形式，为公司的科技创新体系不断输送和补充新鲜血液。同时，利用西部矿业科学技术协会等加深了与政府和行业协会、学术团体的有机结合，得到了政府相关部门和行业协会、社会团体的大力支持。

二十八、石河子协同创新研究院

（一）基本情况

为深入实施创新驱动发展战略，建设面向新疆生产建设兵团及石河子产业发展和科技发展的新型研发机构，在大连高新区、石河子高新区的支持下，于2018年12月在石河子高新区成立"石河子市协同创新研究院有限公司"，并建设了集"科技研发＋科技成果转移转化＋科技服务＋孵化器＋加速器＋离岸创新基地建设"等功能于一体的新型研发机构——"石河子协同创新研究院"（以下简称"研究院"）。研究院充分利用国家对口援疆政策，集聚全国（辽宁）科技援疆力量，放大科技援疆效应，开展多层次的兵团科技创新平台体系示范性试点建设，形成跨区域跨行业的研发和创新服务网络。

（二）机制与模式创新

一是投入多元化。除主体投入外，研究院聚集了"新疆校企合作委员会"几十所高校院所、"丝绸之路经济带核心区全国高校产业创新联盟"24所高校院所的人才及技术资源、各类服务机构和服务团队等；地方政府给予相应的优惠政策。

二是管理机制企业化。在人员聘用、项目管理、财务核算、奖励措施等方面，采取企业化的管理。

三是人才队伍弹性化。根据实际需求灵活配置人才，并制定人才发展战略和人才激励政策。研究院拥有催化技术研发团队、环境技术研发团队、现代农业研发团队和信息安全研发团队 4 个研发团队；每年高校及科研院所专家弹性办公 50 人以上。

四是研发活动需求导向化。紧扣兵团及石河子产业发展方向，面向企业技术需求，开展研发、设计、检测等活动。研究院与新疆大全新能源股份有限公司、石河子大学、天津大学联合承担"N-型高效单晶硅生产成套技术与工程示范项目"；与新疆天富垃圾焚烧发电有限责任公司开展"垃圾焚烧飞灰新型高效稳定剂的合成与应用"工作，经测算，该技术将可为新疆天富垃圾焚烧发电有限责任公司每年节省费用 300 万元，具有良好的经济效益和社会效益。截至目前，围绕新疆生产建设兵团及石河子重点产业，开展科技研发、产学研合作和技术转移工作，累计促进科技成果转化合作 23 项。

五是平台建设多层化。研究院集"科技研发＋科技成果转移转化＋科技服务＋孵化器＋加速器＋离岸创新基地"的多层化建设，建设了石河子离岸（大连）创新基地和辽宁·大连（石河子）加速转移转化基地，并建有八大技术创新中心；与大连理工大学等多所高校院所协同合作，共享国家及省部级重点实验室、工程技术研究中心等；建有"丝路协同创新平台"线上平台，目前汇聚科技成果信息近 20 000 项，聚集各类创新创业服务机构和服务团队 30 家；推动新疆生产建设兵团各师市与对口援疆省市开展兵团（离岸）创新基地建设，形成"兵团离岸＋异地孵化""异地孵化＋兵团加速"的新型创新创业模式，集聚资源，推动兵团的科技创新体系建设和产业升级发展。